U0181082

CO₂驱井筒腐蚀与防护技术

游红娟 曾德智 李 杰 等 著

科学出版社

北 京

内 容 简 介

本书主要介绍 CO_2 驱稠油和稀油油藏注入井、采出井管柱腐蚀规律与防护措施研究，阐明 CO_2 驱注采井井筒管柱腐蚀风险和腐蚀主控因素，揭示温度、氯离子、CO_2 分压、流速对油套管的腐蚀影响规律和机制。通过单剂筛选和多药剂协同测试方法，研制适用于 CO_2 驱注入井的油基环空保护液和水基环空保护液。采用量子化学计算和分子动力学模拟方法，研制适用于 CO_2 驱采出井的复合缓蚀阻垢配方，从注入井、采出井和现场腐蚀监测几个方面介绍 CO_2 驱井筒防腐工艺及监测方案。本书可为评估 CO_2 驱注采井生产过程中面临的腐蚀风险提供参考，为 CO_2 驱井筒腐蚀与防护提供多种防护措施和防护方案，为同类工况油气田的安全生产运行提供参考和理论指导。

本书可供石油与天然气工程领域相关技术人员阅读、参考，也可作为高等院校油气田腐蚀防护及 CCUS 井筒工程相关课程的参考教材。

图书在版编目(CIP)数据

CO_2 驱井筒腐蚀与防护技术 / 游红娟等著. —北京：科学出版社，2024.1

ISBN 978-7-03-077173-5

Ⅰ.①C… Ⅱ.①游… Ⅲ.①二氧化碳-驱油-井筒-防腐 Ⅳ.①TE98

中国国家版本馆 CIP 数据核字（2023）第 235204 号

责任编辑：罗 莉 / 责任校对：彭 映
责任印制：罗 科 / 封面设计：墨创文化

科 学 出 版 社 出版
北京东黄城根北街16 号
邮政编码：100717
http://www.sciencep.com

四川煤田地质制图印务有限责任公司 印刷
科学出版社发行 各地新华书店经销
*
2024 年 1 月第 一 版 开本：787×1092 1/16
2024 年 1 月第一次印刷 印张：10 3/4
字数：255 000
定价：149.00 元
（如有印装质量问题，我社负责调换）

前　言

当前，石油与天然气是世界能源消费产业的重要组成部分，预计到 2040 年，石油与天然气消耗量占据全球所有能源消耗量的 55%以上。同时，我国油气对外依存度不断攀升，2022 年我国石油和天然气对外依存度分别超过 70%和 40%。作为其他能源难以替代的国家重要战略资源，我国石油和天然气资源的安全高效开发具有重要的战略意义。随着我国石油与天然气需求量的逐年攀升，油气田开发难度也不断增加，常规的注水开发方式效果逐渐减弱，导致油气田采收率下降。注 CO_2 驱开采技术因其能减少碳排放、改善原油流动性并提高油田采收率而被广泛应用，然而，随着注 CO_2 驱开采技术的深入应用，油套管的工作环境越来越复杂，采出液中含有大量 CO_2 气体使得生产过程服役环境复杂、系统腐蚀风险高、薄弱环节增多，影响油气田生产安全运行。油气田开采面临巨大的安全问题、环保问题和生态问题。

井筒的 CO_2 腐蚀与防护一直是石油工程领域的研究热点，但在稠油开发过程中，注入的流体包括高温高压水、N_2、CO_2、残余氧和水蒸气等，系统腐蚀的组分更加复杂多样。多组分腐蚀性气体和侵蚀性离子对井筒管柱的腐蚀尚未明晰。稠油油田和稀油油田环境的不同使得两者的腐蚀系统存在较大差异，两种系统的各项腐蚀参数变化范围大，还未形成系统、完整的有针对性的腐蚀防护和监测系统。当前油气田井筒腐蚀通常采用加注缓蚀剂的方式进行防护，加注缓蚀剂措施因其操作简单、成本低廉、不受设备形状影响而被油气田广泛应用。对于油套环空内的腐蚀防护，则通过加注环空保护液进行防护。然而，缓蚀剂与环空保护液中的多种药剂的防护性能与工作环境强烈相关，并且多种药剂之间会存在协同与拮抗作用，缓蚀剂及环空保护液组成药剂与地层流体、作用环境间的配伍性是防腐措施的前提条件，因此，制定综合防护措施和方案前需要对每一种药剂和工况进行研究。

本书从 CO_2 驱井筒腐蚀与防腐技术需求出发，详细介绍笔者及其团队近 10 余年多学科联合攻关取得的油气田腐蚀与防护应用技术研究成果。全书共分为 6 章，由游红娟统稿；第 1 章主要介绍稠油/稀油油藏 CO_2 驱井筒腐蚀行为及防腐技术研究进展，梳理了 CO_2 驱注采井生产过程中面临的腐蚀风险及不同的防腐措施，由游红娟、李杰、曾德智和董宝军撰写；第 2 章和第 3 章围绕稀油油藏和稠油油藏注采井油套环空与井筒腐蚀难题，研究了不同工况的腐蚀机理和影响因素，研制了适用于 CO_2 驱井筒的水基/油基环空保护液，其中第 2 章由曾德智、易勇刚和喻智明撰写，第 3 章由曾德智、陈森和董宝军撰写；第 4 章主要研究了采出井管杆的腐蚀规律，制定并优化了针对采出井管杆腐蚀的防护措施，由曾德智、董宝军和刘从平撰写；第 5 章基于量子化学计算和分子动力学模拟，优选出了适用于 CO_2 驱工况的缓蚀剂和阻垢剂，研制出了复合缓蚀阻垢剂配方，由曾德智、李杰和刘振东负责撰写；第 6 章系统分析了 CO_2 驱注采井的防腐工艺和现场腐蚀监测工艺，包括总体要求、井筒管柱结构及材质、化学防腐工艺等，由游红娟、李杰、陈淼和张莉伟撰写。此外，黄致尧、同航、陆凯、罗建成、陈雪珂和郑春焰等研究生参与了实验测试、数据分析、图表和文字的整理工作，在此向他们表示感谢。

本书是作者及其团队集体智慧的结晶，本书内容是在国家科技重大专项“CO_2 捕集、驱油与埋存技术示范工程(2016ZX05056)”、国家科技重大专项“新疆低渗透砾岩油藏驱油与埋存先导实验(2016ZX05056004)”、国家自然科学基金委员会面上项目“静载、振动与腐蚀作用下 H_2S/CO_2 气井完井管柱螺纹密封面的力化学损伤机制研究(51774249)”、四川省科技计划项目(21JCQN0066)等项目支持下完成的。本书在编写过程中得到了中国石油新疆油田分公司及工程技术研究院的大力支持，油气田用户和施工单位也为本书提供了大量宝贵的现场资料和统计数据。在此，一并表示衷心感谢！

由于笔者的知识范围和水平所限，书中难免存在疏漏和错误之处，恳请读者予以批评指正！

目　　录

第1章 绪 论

1.1 CO₂驱腐蚀与防护研究

1.1.1 稀油油藏注入井管柱腐蚀研究

CO_2回注井中，CO_2往往处于超临界状态。超临界状态是热力学概念，物质温度和压力高于一定值后，流体密度和饱和蒸汽压密度相同，界面消失，该点称为临界点，高于临界温度和临界压力而接近临界点的状态称为超临界状态。因此，超临界流体兼具气体和液体的性质。超临界CO_2流体(即处于超临界状态的CO_2)的密度接近液体，比气体大数百倍；黏度接近气体，比液体小两个数量级；扩散系数虽然近似气体的百分之一，但比液体大数百倍。CO_2的临界温度T_c=31.1℃，临界压力P_c=7.38MPa；可见CO_2的超临界状态并不难实现，在高含CO_2油气田开发中深井超深井环空、注气井井口均可能达到此条件。CO_2-水蒸气环境分为高含CO_2环境和高含水蒸气环境，两种环境条件下钢材腐蚀速率差距显著，在常压条件下，高含水蒸气环境中腐蚀速率可达高含CO_2环境的数十倍，超临界CO_2-饱和水蒸气环境属于高含CO_2环境，但是此时CO_2处于超临界状态，物化性质差别于常态，这时CO_2-水蒸气腐蚀行为有待进一步研究。

油气田工区实际生产中，由于油套管长期服役出现刺穿现象以及丝扣密封不严情况的存在，无法保证完全的密封性，在CO_2注气过程中，往往有着较高的注入压力(10~20MPa)，CO_2可能向环空中渗漏，导致CO_2注入井环空形成一个高温高压环境。当前，CO_2对钢材的腐蚀研究多以油管道腐蚀为主，对油套管环空的腐蚀问题研究则相对较少，需进一步开展相应的防护技术特别是井口低温水基环空保护液防冻技术研究。本书针对某油田开展了适用于超临界CO_2环境中水基环空保护液研制以及防护效果评价，以期为油气井安全生产与防护工作提供指导与建议。

1.1.2 稠油油藏 CO₂辅助蒸汽驱注气井腐蚀行为研究

近年来，CO_2辅助蒸汽驱作为一项新技术，因其在提高稠油油藏采收率方面表现出色，具有极大的应用前景。然而，CO_2辅助蒸汽驱还存在着许多有待解决的问题。其中，最重要的是注气井的腐蚀和成本问题。

CO_2辅助蒸汽驱是指在开采过程中，通过往稠油油层注入蒸汽和少量的CO_2，从而降低稠油的黏度，采用气体驱替油的方式提高原油开采率(图 1-1)。由于蒸汽的注入，注气井井筒的温度通常会达到 160～220℃，后面注入的 CO_2 会使井筒冷却，导致在井筒内壁上形成水膜[1]。溶于水中的 CO_2 通过化学反应生成碳酸，而碳酸的存在会进一步加快碳钢的腐蚀速率，从而导致甜腐蚀[2]。

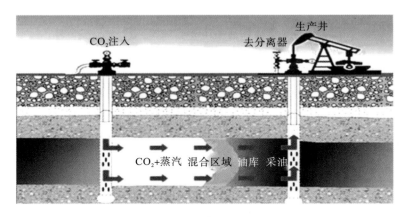

图 1-1　CO_2 辅助蒸汽驱原理

　　油套管钢的 CO_2 腐蚀行为已经被广泛研究。油套管钢的腐蚀行为受到多种环境条件的影响，如温度、CO_2 分压和流速等。对于 CO_2 辅助蒸汽驱动下的注气过程，适宜的井筒温度范围为 160～220℃，CO_2 分压为 1～5MPa，流速为 3～6m/s。在高温蒸汽环境下，普通的油套管钢的腐蚀行为鲜有报道[3]。

　　稠油开采近年来受制于原油价格的低迷，面临着许多挑战和压力。因此，如何降低成本已成为稠油开采的首要目标之一。稠油油藏开采的过程中，油套管的费用成为主要成本。中国海洋石油集团有限公司（简称中海油）和日本住友集团的油气井选材图版指出，当井筒温度高于 180℃时，应使用高 Cr 含量的钢材（如 22Cr 钢和 25Cr 钢）来建造油气井。目前，室内研究高 Cr 钢在 CO_2 环境中的腐蚀问题时，一般仅考虑水相体系来模拟现场的腐蚀环境，较少考虑蒸汽对腐蚀的影响。但是，在注气过程中，蒸汽和 CO_2 往往是混合介质，蒸汽是影响系统腐蚀行为的一个重要因素。因此，采用已有的井筒管材推荐标准，有可能会高估腐蚀危害程度，从而导致不必要的成本增加[4]。一般情况下，油套管钢比推荐的钢材经济成本更低，但是在实际工程中是否适用于注气井还需要进一步研究和探索。

1.1.3　CO_2 驱采出井管杆腐蚀研究

　　CO_2 驱油已成为实现经济发展和环境保护双赢的有效途径。目前，中国西北的油田已经广泛采用 CO_2 驱来开采稠油油藏。新疆油田稠油储量丰富，达到 21287.21×10^4t。因此，CO_2 驱在新疆油田具有非常好的应用前景。CO_2 是一种高效的驱替剂，可将地层中的原油驱入生产井。此外，CO_2 驱还可以实现 CO_2 储存和减少碳排放。尽管如此，CO_2 驱仍然存在部分问题需要解决，特别是生产井的腐蚀问题。在驱油过程中，注入地层的

CO_2 溶解在产液中形成碳酸,导致生产井严重腐蚀。

复杂环境工况下使用的油管受到多个腐蚀因素的影响,油管最终的腐蚀失效是多种因素共同作用的结果。对于 CO_2 驱生产井,确定影响生产井腐蚀的主要因素,采取合理的防腐蚀措施至关重要。为了解决 CO_2 腐蚀问题,油田企业采取了使用缓蚀剂、耐蚀合金钢,施加涂层和采用阴极保护等方法来防止油管腐蚀失效。其中,使用缓蚀剂和耐蚀合金钢是油管最常用的腐蚀措施。

1.1.4 CO_2 腐蚀机理

铁在 CO_2 水溶液中的腐蚀基本过程的阳极反应式为

$$Fe+OH^- \longrightarrow FeOH+e^- \tag{1-1}$$

$$FeOH \longrightarrow FeOH^+ +e^- \tag{1-2}$$

$$FeOH^+ \longrightarrow Fe^{2+} +OH^- \tag{1-3}$$

有研究表明,金属腐蚀的阴极主要包括以下两种反应方式(下标 ad 代表吸附在钢铁表面上的物质,sol 代表溶液中的物质)。

1. 非催化的氢离子阴极还原反应

当 pH<4 时,阴极还原反应式为

$$H_3O^+ +e^- \longrightarrow H_{ad} +H_2O \tag{1-4}$$

$$2H_2CO_3 +2e^- \longrightarrow 2HCO_3^- +H_2 \tag{1-5}$$

$$2HCO_3^- +2e^- \longrightarrow 2CO_3^{2-} +H_2 \tag{1-6}$$

当 4<pH<6 时,阴极还原反应式为

$$H_2CO_3 +e^- \longrightarrow HCO_3^- +H_{ad} \tag{1-7}$$

当 pH>6 时,阴极还原反应式为

$$2HCO_3^- +2e^- \longrightarrow 2CO_3^{2-} +H_2 \tag{1-8}$$

表面吸附 $CO_{2,ad}$ 的氢离子催化还原反应式为

$$CO_{2,sol} \longrightarrow CO_{2,ad} \tag{1-9}$$

$$H_3CO_{3,ad}^+ +e^- \longrightarrow H_2O+H_{ad} + CO_2 \uparrow \tag{1-10}$$

$$HCO_{3,ad}^- +H_3O^+ \longrightarrow H_2CO_{3,ad} +H_2O \tag{1-11}$$

两种阴极反应的实质都是 CO_2 溶解后形成的 H_2CO_3 电离出的 H^+ 的还原过程,总的腐蚀反应式为

$$CO_2 +H_2O+Fe \longrightarrow H_2 +FeCO_3 \tag{1-12}$$

2. CO$_2$腐蚀影响因素

影响 CO$_2$ 腐蚀的因素主要分为两种：环境因素和材料因素。环境因素包括：温度、CO$_2$ 分压、合金元素、流速、pH 和介质成分等；材料因素包括钢的显微组织和合金元素[5]。

1) 温度

温度主要影响 CO$_2$ 在水溶液中的溶解度、溶液的化学反应速率、离子的运移速率和腐蚀产物膜的形态[6]。低压 CO$_2$ 条件下，温度对材质腐蚀的影响主要包含两方面。一方面，随着温度的升高，活化能增加，离子的运移速率加快，导致材质的腐蚀速率加快；另一方面，随着温度的升高，溶液的 pH 升高，FeCO$_3$ 的溶度积降低[7]，促进了 FeCO$_3$ 的沉积，形成致密的 FeCO$_3$ 腐蚀产物膜，减缓了材质的腐蚀速率[8]。

2) CO$_2$ 分压

CO$_2$ 分压是影响腐蚀速率的重要参数。CO$_2$ 分压增大时，溶液中的 pH 升高。这是由于溶液中的 H$_2$CO$_3$ 电离出 H$^+$、HCO$_3^-$ 和 CO$_3^{2-}$，当 CO$_2$ 分压增大时，溶液中的 CO$_2$ 浓度升高，H$_2$CO$_3$ 的浓度也升高，电离出的 H$^+$ 也越多，溶液的 pH 升高，从而使得腐蚀加剧。

3) 合金元素

含 Cr 钢(Cr 含量大于 3%)具有良好的耐 CO$_2$ 腐蚀性能。富 Cr 层阻碍了腐蚀介质与金属基体发生反应，从而抑制了腐蚀的发生[9]。另外，富 Cr 层也会增强含 Cr 钢对冲刷腐蚀的抵抗能力。钢中存在微量的 Cu 元素时，可以明显降低 CO$_2$ 水解生成碳酸的活化能，导致溶液中的阴离子增多，腐蚀反应加快。

4) 流速

流速也是影响 CO$_2$ 腐蚀的重要因素。在一般情况下，随着流速的增大，CO$_2$ 腐蚀速率加快。这是由于随着流速的增大，阴离子(HCO$_3^-$ 和 CO$_3^{2-}$)和阳离子(H$^+$、Fe^{2+})快速扩散到金属表面，加快了金属的腐蚀反应。另外，流速增大使金属表面已形成的腐蚀产物膜发生剪切破坏，从而使腐蚀加剧[10]。

5) pH 和介质成分

溶液的 pH 主要影响 H$_2$CO$_3$ 在溶液中的存在形式，pH 的降低会抑制 H$_2$CO$_3$ 和 HCO$_3^-$ 的水解。当 pH<4 时，主要存在 H$_2$CO$_3$，当 4<pH<10 时，主要存在 HCO$_3^-$，当 pH>10 时，主要存在 CO$_3^{2-}$。随着 pH 的降低，金属的腐蚀速率加快。另外，pH 会影响溶液中 FeCO$_3$ 的临界过饱和度，进而影响腐蚀产物膜 FeCO$_3$ 的生成和溶解[11]。

溶液中的 Cl$^-$ 可以进入钝化膜，富集在钝化膜的表面。Cl$^-$ 的吸附破坏了含 Cr 钢钝化膜的完整性，促进金属发生点蚀。Cl$^-$ 对金属材料的腐蚀有两方面的作用：一是 Cl$^-$ 破坏金属的钝化膜，二是 Cl$^-$ 直接参与金属材料的阳极溶解过程[12]。

1.1.5　CO_2 腐蚀防护措施研究

CO_2 腐蚀的防护措施有很多，但常用的方法主要是以下几种：合理选材、表面处理、缓蚀剂和电化学保护。

1. 合理选材

含 CO_2 的高温高压环境中，选用耐蚀性的管材成为油气井管柱的首选防腐措施。含 Cr 钢有良好的抗 CO_2 腐蚀性能。CO_2 腐蚀过程中，含 Cr 钢在基体会形成富 Cr 层，其腐蚀行为与富 Cr 层的致密性密切相关。日本住友集团依据大量的实验结果，绘制出腐蚀环境与材料选用指导图（图 1-2）。由图 1-2 可知，低碳合金钢和高 Cr 合金钢是 CO_2 腐蚀环境中使用最普遍的两种钢。由中海油的选材图版可知，该选材图版的温度上限为 170℃，然而，CO_2 辅助蒸汽驱注气井的温度维持在 160℃ 以上，最高达到 240℃。对于 CO_2 辅助蒸汽驱的选材，目前还没有系统研究。

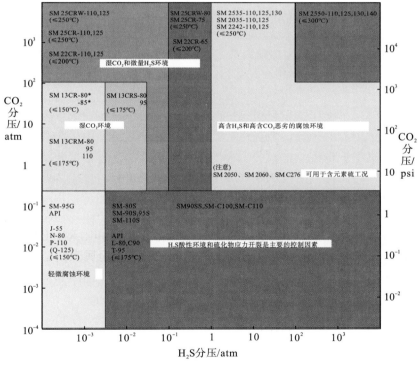

图 1-2　日本住友集团选材图版
注：1atm=101325Pa；1psi=6.89476×10³Pa。

2. 表面处理

对金属材料进行表面处理后可形成防护层，使金属表面与腐蚀介质隔开，阻止两者发生反应。表面处理防腐技术主要包括非金属涂层和金属镀层等。

非金属涂层具有黏度低、外观平整光滑、附着力强、耐腐蚀性好、成本低廉和工艺简单等优点。但是，非金属涂层在涂覆过程中可能产生各种缺陷，在运输过程中也可能产生机械损伤，在管柱的井下作业中也可能产生损坏[13]。另外，高温蒸汽环境中，非金属涂层容易产生老化失效。

金属镀层具有化学纯度高、结合力好、耐磨及耐腐蚀性能好等优点。然而，在实施金属喷涂的过程中，金属材料的表面易形成针孔，存在安全隐患；此外，喷镀过程中产生的喷涂液会严重污染环境。

3. 缓蚀剂

添加少量的缓蚀剂就能有效地减缓金属的腐蚀速度。缓蚀剂加注工艺简单、方便，成本低，应用广泛，是重要的腐蚀防护措施。缓蚀剂的缓蚀效果与腐蚀介质的性质、含量、温度、流速等密切相关。

油气田抗 CO$_2$ 腐蚀的缓蚀剂的研究开发技术较为成熟。抗 CO$_2$ 腐蚀的缓蚀剂主要包括：磷酸酯类、烷基吡啶、咪唑啉和乙氧基磺酸盐等。高温缓蚀剂主要为酸化缓蚀剂，其主要成分为：醛、酮、胺缩合物、咪唑啉衍生物、吡啶、喹啉季铵盐、杂多胺等[14]。国内外研发的高温缓蚀剂(主要是酸化缓蚀剂)存在的问题是用量大(酸化缓蚀剂的加量一般为1%～2%)和成本高[15]。这些问题都制约着高温缓蚀剂在 CO$_2$ 辅助蒸汽驱注气井中的应用。

4. 电化学保护

电化学保护分为阴极保护和阳极保护两类。阴极保护是通过降低金属电位而达到保护目的。根据保护电流的来源，阴极保护有外加电流法和牺牲阳极法：外加电流法是由外部直流电源提供保护电流，电源的负极连接保护对象，正极连接辅助阳极，通过电解质环境构成电流回路；牺牲阳极法是依靠电位负于保护对象的金属(牺牲阳极)自身消耗来提供保护电流，保护对象直接与牺牲阳极连接，在电解质环境中构成保护电流回路。阴极保护主要用于防止土壤、海水等中性介质中的金属腐蚀。阳极保护是通过提高可钝化金属的电位使其进入钝态而达到保护目的。阳极保护是利用阳极极化电流使金属处于稳定的钝态，其保护系统类似外加电流阴极保护系统，只是极化电流的方向相反。

电化学保护广泛用于地下管道、通信、电力电缆、闸门、船舶和海上平台等领域。然而，对于油气井，目前电化学保护技术的应用比较少。

1.2　CO$_2$驱井筒环空保护液技术研究

由于 CO$_2$ 的强腐蚀性，油管和封隔器容易发生腐蚀失效，导致泄漏并成为 CO$_2$ 通道。一旦 CO$_2$ 气体流入环空，将形成环空压力，CO$_2$ 压力值将继续升高。此时，有必要关注环空中油管和套管的 CO$_2$ 腐蚀，并采取一些措施防止 CO$_2$ 腐蚀，一般采用防腐合金和环空保护液来防止套管腐蚀。虽然高 Cr 钢可用于解决套管腐蚀问题，但其成本限制了其应用。为了避免油管和套管的腐蚀，可将环空保护液注入油管和套管之间的空间以减缓腐蚀。环空保护液按基液分为水基环空保护液和油基环空保护液。环空保护液既能抑制油管和套管的腐蚀，又能降低套管头或封隔器上的储层压力，减小油管和环空间的压差[16]。然而，油基环空保护液的成本非常高，导致其使用受到限制。水基环空保护液因其综合成本低、对储层伤害小而在油气田生产中得到广泛应用。

1. 缓蚀剂

国内抑制 CO_2 腐蚀的缓蚀剂主要包括以下五种。

(1) 咪唑啉类缓蚀剂。咪唑啉类缓蚀剂是依靠结构 C—N 环中吸附中心 N 原子吸附在金属表面，根据支链情况，可分为油溶型和水溶型两类。由于其良好的油溶性，将咪唑啉混入一定比例的油有利于提高其在金属表面的覆盖均匀程度，进而提高咪唑啉的防护效能。

(2) 铵盐和季铵盐类缓蚀剂。此类缓蚀剂也是依靠四面体中心 N 原子吸附作用。双季铵盐类缓蚀剂化学结构中含有两个氮原子，吸附成膜性较单季铵盐更好，可有效改变金属表面状态和双电层结构，提高腐蚀反应所需活化能，进而减缓油管的腐蚀速率[17]。目前，双季铵盐类缓蚀剂是季铵盐类缓蚀剂研究的热点，双季铵盐作为一类新型的阳离子表面活性剂，具有低毒、更好的水溶性等特点，相比传统单季铵盐具有更为广阔的发展前景。

(3) 有机磷酸盐类缓蚀剂。有机磷酸盐类缓蚀剂是通过结构中 P 原子进行吸附，其优点是在较高 pH，较高 Ca^{2+}、CO_3^{2-} 含量的水中，使结垢现象及金属腐蚀得到抑制。目前油田注水系统中，常用有机磷酸酯和有机磷酸盐作为缓蚀阻垢剂。

(4) 硫脲。硫脲(CH_4N_2S)主要依靠 S 原子进行吸附，广泛应用于酸性环境中，作为碳钢腐蚀抑制剂。硫脲含量较低时，吸附单元以平铺方式吸附在碳钢表面；而硫脲含量较高时，硫脲分子间会出现互斥现象，使得分子以垂直吸附方式为主，导致单个硫脲分子的有效覆盖面积减小，进而降低整体的覆盖度，削弱防护效果。

(5) 炔醇类缓蚀剂。炔醇类缓蚀剂主要适用于高温、浓酸腐蚀环境中，有良好的耐热耐酸性[18]，主要应用在炔醇类缓蚀剂复配有机含氮化合物后，其复合物往往作为高温环境缓蚀剂使用，一般来说，在 100℃ 以上环境中仍有良好缓蚀性能。

2. 杀菌剂

油气田采用的杀菌剂可分为氧化型和非氧化型，氧化型主要有 Cl_2、O_3、ClO_2、$HClO$ 以及 FeO_4^{2-} 等；非氧化型主要有季铵盐、嘧啶类和有机胺类等有机物[19]。

(1) Cl_2。Cl_2 与水反应生成 $HClO$，$HClO$ 分子体积较小，很容易扩散到细菌带负电荷的细胞壁表面，并透过细胞壁渗入细菌内；同时，作为一种强氧化剂，$HClO$ 进入细菌内部后能够与细菌的多种生物结构(包括细胞膜、多肽、核糖核酸分子、脱氧核糖核酸分子)发生氧化反应，使其直接失去生理活性，并破坏细菌酶系统，主要是磷酸葡萄糖脱氢酶的巯基被氧化破坏，从而使细菌死亡；Cl_2 应用广泛、杀菌效果较好、价格低廉、操作方便，但是对环境会造成污染，对钢材有一定腐蚀性，对人体也有一定伤害。

（2）含 Cl 化合物。含 Cl 化合物包含 2-氯-1-羟基苯、4-氯-1-羟基苯、2,3-二氯苯酚、2,4-二氯苯酚和五氯苯酚钠等，能够在水溶液里水解，电离出 ClO^-，与细菌的多种生物结构发生氧化反应，使其失去生理活性，氯苯酚具有高效、杀菌效果好的优点，但是会结垢、污染环境，并且价格偏高。

（3）季铵盐。常见的季铵盐类杀菌剂有十二烷基二甲基苄基氯化铵、十二烷基二甲基苄基溴化铵、十二烷基三甲基氯化铵等，常用于抑制硫酸盐还原菌。季铵盐结构中，阳离子具有较强静电及氢键力，遇到带负电荷的细菌很容易被吸附，菌体细胞壁、细胞质等生物膜的渗透性遭到破坏，进而被杀灭。但常规季铵盐有发泡的缺点，在矿化度较高的水质中吸附、杀菌能力下降，单用还容易让部分细菌产生耐药性。

（4）季鏻盐。季鏻盐包括四羟甲基氯化鏻（THPC）等，与季铵盐相比，季鏻盐的杀菌剂杀菌性能更好，并且还没有发泡等缺点。油气田也经常将其与常见阻垢剂一起使用，效果良好。实验发现，纯 THPC 用量超过 37.5mg/L 时，可除去污水中含量低于 10^6 个/mL 的硫酸盐还原菌等。

（5）醛类杀菌剂。吸附到细菌的细胞壁后，醛类杀菌剂能够迅速渗入菌体内，与菌体内多肽发生反应，使细菌失去活性，随后沉淀而被灭活，杀菌率高，杀菌速度快。

（6）有机硫化物。有机硫化物包括二硫氰基甲烷（MBT）和 1,2-苯并异噻唑啉-3-酮（BIT）、5-氯-2-甲基-4-异噻唑啉-3-酮（CIT）等。MBT 中的氰酸根（CN⁻）是灭活细菌的重要结构，主要破坏细菌呼吸系统的蛋白质和脱氧核糖核酸分子，进而使其失活。通常 MBT 与其他药剂配合使用效果较好。而 BIT 则是通过断裂细菌中氨基酸的键起到杀菌作用的，低浓度时即可抑制真菌及藻类的滋生。

现阶段，用于油田的注水杀菌剂很少使用氧化型杀菌剂，主要考虑其具有一定腐蚀性，因此一般使用非氧化型杀菌剂。常见杀菌剂适用情况见表 1-1。

表 1-1　常见杀菌剂适用情况

有效成分	十二烷基二甲基苄基氯化铵	聚烯烃基卡巴	2,2′-二羟基-5,5′-二氯苯甲烷	二硫氰基甲烷	季铵盐（聚季铵盐）	有机胺	8-羟基喹啉二硫代磷酸酯络化物	K₂FeO₄
抑制细菌种类	SRB	异养菌、SRB、FB	异养菌、SRB、FB	多种细菌及藻类	SRB、FB、TGB	SRB、FB	真菌、多种细菌	SRB、FB、TGB

注：SRB.硫酸盐还原菌，FB.铁细菌，TGB.腐生菌。

3. 除氧剂

工业常用水除氧剂分为有机除氧剂和无机除氧剂，两种除氧剂的应用都较广泛。

1）无机除氧剂

（1）Na_2SO_3（亚硫酸钠）。Na_2SO_3 是较常用的工业水处理除氧剂，也是很重要的无机盐，其作用机理为

$$2Na_2SO_3 + O_2 \longrightarrow 2Na_2SO_4 \tag{1-13}$$

Na_2SO_3 作为除氧剂，其优点为：在催化剂协助下，除氧迅速，操作简单、无危险，脱氧率高。缺点为：Na_2SO_3 和氧的反应速度受到 pH、温度和催化剂等因素的影响，一般要加入过量的 Na_2SO_3 才能保证效果；Na_2SO_3 和氧反应得到的是硫酸钠，导致水内的可溶性物质增多，使水质变差。当腐蚀环境压力高于 6.2MPa 时，Na_2SO_3 开始发生分解，分解产物为 H_2S、SO_2，而这两种酸性气体会造成钢材的腐蚀。

(2) N_2H_4（肼，又称联氨）。N_2H_4 除氧过程较为复杂，经过一系列中间反应后生成水和氮气，N_2H_4 除氧效果受环境 pH（N_2H_4 在酸性环境中并不具备强还原性）、温度、催化剂等因素的影响较大。N_2H_4 除氧的化学反应方程式为

$$N_2H_4 + O_2 \longrightarrow N_2 + 2H_2O \tag{1-14}$$

随温度上升，N_2H_4 除氧反应速度加快，温度在 100℃ 以下时，脱氧效率低下，当温度升至 150℃ 后，脱氧反应速度加快。总的来说，N_2H_4 除氧的优点有：无须过量添加，在温度很高时除氧速度很快，不会与水中溶质发生反应，N_2H_4 促进金属表面生成钝化膜，能够抑制金属的腐蚀。缺点为：除氧效率低于 Na_2SO_3，水温低的时候除氧反应速度慢，只在温度较高的情况下才可以有效地和氧发生反应从而达到除氧的目的；N_2H_4 的蒸汽有毒，与皮肤接触会造成皮炎；过剩的 N_2H_4 会分解成 NH_3，高浓度时有可燃性，不易运输、储存。

2) 有机除氧剂

(1) 肟类化合物。肟类化合物常见有二甲基酮肟、乙醛肟等，它们即使在高温时也具备优良的除氧效果，同时能够把高价铁氧化物还原为低价铁氧化物，在金属表面起到很好的钝化、缓蚀作用。

二甲基酮肟（DMKO）也叫作丙酮肟，其毒性很小，低于 N_2H_4。DMKO 也具有较强的还原性，能够与水中溶解氧结合发生脱氧反应，而且除氧效果较好，DMKO 与溶解氧反应的原理如下：

$$2(CH_3)_2C=NOH + O_2 \longrightarrow 2(CH_3)_2C=O + N_2O + H_2O \tag{1-15}$$

DMKO 在加药时需要控制的指标是：溶液 pH 控制在 8.5～9.2；高效除氧温度控制在 140～330℃；压力控制在 0.3～13.7MPa。这是为了防止氨水加入过少对给水 pH 产生影响。溶解时要注意溶解均匀，避免因为溶解不均匀而对除氧效果产生影响。DMKO 在温度高时能够发生分解，且分解产物不会造成影响，它同时具有还原性，可以还原水中的氧化铁、氧化铜等，从而抑制管道的腐蚀。用含 DMKO 的溶液对热力设备进行湿法保护，可以显著提高缓蚀效果。此外，DMKO 还具有加药量低、低毒、排放不会产生污染等优点。

研究发现，醛肟类除氧剂同酮肟类除氧剂相比，醛肟类除氧剂的除氧速度更快。乙醛肟不具有毒性，除氧温度可以较低。乙醛肟将金属氧化物还原，对金属起到钝化作用。

(2) 异抗坏血酸及其钠盐。异抗坏血酸是一种无毒物质，它的半数致死量（median lethal dose，LD_{50}）是 14500mg/kg。异抗坏血酸及其钠盐是一种强还原剂，其分子结构式如图 1-3 所示。

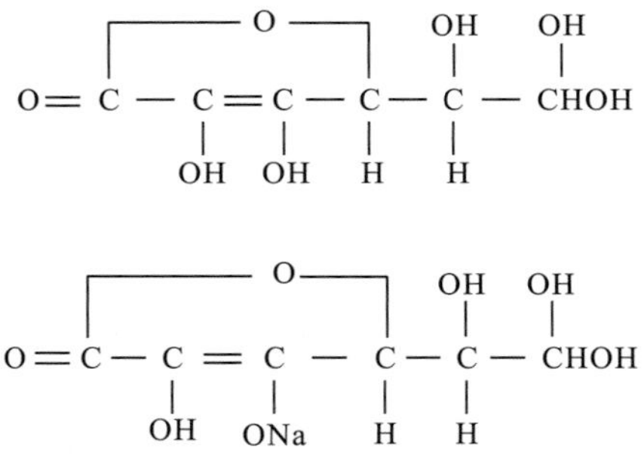

图 1-3   异抗坏血酸及其钠盐

异抗坏血酸及其钠盐属低挥发性除氧剂，脱氧速度快，还能有效降低水中 Fe、Cu 含量，并且有一定的缓蚀作用，即使在常温环境中与溶解氧反应速度也很快，远超 N_2H_4 等除氧剂。

3）胺类除氧剂

（1）氮四取代胺。氮四取代胺除氧剂是 1992 年美国专利公布的，该除氧剂脱氧率高，能够在金属表面形成钝化膜，一定程度上抑制腐蚀，多用于蒸汽冷凝系统的脱氧及钝化，其结构式如图 1-4 所示。

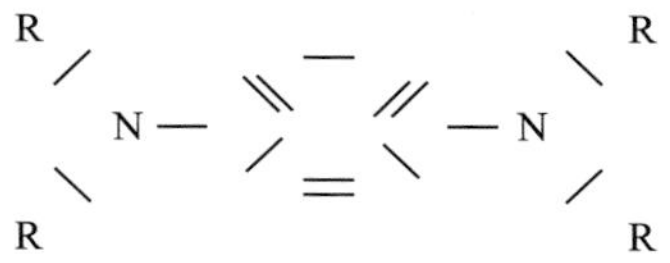

图 1-4   氮四取代胺

图 1-4 中，R 为 C_{1-4} 的烷基或羧基，R 可以相同，也可不同，作除氧剂时，可单独使用，与 O_2 反应的摩尔比为 1:1，也能搭配其他助剂。一般为了避免氮四取代胺与空气接触而失去效力，常搭配某些抗氧化剂，包括 N,N-二乙基羟胺、肼类、1,3-二羟基丙酮、GaO_3^{3-}、3-羟基-1,3,5-戊三酸、乙酸、2-羟基丁二酸等，添加分子量为 500～50000 的可溶性羧酸、正磷酸盐等水处理剂可增强水质稳定性，以满足综合使用性能。

（2）N-异丙基羟胺。N-异丙基羟胺（NIPHA）除氧剂是美国专利公布的，该除氧剂基本无毒性。NIPHA 的特点在于具有较好的挥发性，结构式如图 1-5 所示。

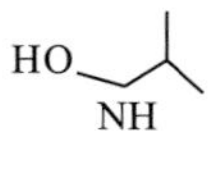

图 1-5   NIPHA

NIPHA 有很强的还原性，与 O_2 反应如下：

$$2(CH_3)_2CHNHOH + O_2 \longrightarrow 2(CH_3)_2CNOH + 2H_2O \qquad (1\text{-}16)$$

反应产物 $(CH_3)_2CNOH$ 还能继续与 O_2 反应，也会发生水解：

$$(CH_3)_2CNOH + H_2O \longrightarrow (CH_3)_2CO + NH_2OH \qquad (1\text{-}17)$$

羟胺可进一步与 O_2 反应，但效率较低。据资料介绍，1mg/L 的 O_2 大约需要 1.6mg/L 的 NIPHA，推荐剂量比为 3mg/L 的 NIPHA 搭配 1mg/L 的氧气，而 NIPHA 搭配二乙基羟胺有更好的除氧效果。

4. 密度调节剂

1）无机盐类

（1）碳酸钾。碳酸钾是强碱弱酸盐，对钢材腐蚀性小、黏度低，在水中的溶解度大，密度调节范围大，能满足大多数油气井压力调节的需要，且盐水不易结晶。其缺点为：溶液储层相接触后，可能与地层水离子作用，使得钙镁等二价阳离子产生沉淀，当环境温度较高时，还可能与高含砂岩储层中的 SiO_3^{2-} 矿物反应，伤害储层。

（2）磷酸盐。磷酸盐封隔液是一种新型盐水封隔液，所用磷酸盐是磷酸的碱金属盐，主要指钠盐和钾盐。它的特点有：密度高（能够达到 2.5g/cm³）；腐蚀性低；具有较高的黏度，可以悬浮一定岩屑或砂粒；在 232℃ 下仍然具有良好的性能；呈弱碱性（pH 为 9～10.5）；由于所用的盐是用作肥料的磷酸盐，因此对环境基本无害。

2）有机盐类

有机盐类密度调节剂应用最广的是复合有机甲酸盐（MeFO），其分子通式是

$$X_mR_n(COO)_1M$$

式中，$X_mR_n(COO)_1^{q-}$ 为有机酸根，X 为杂原子或者杂原子基团，R 为烃基，COO^- 为羧基，M 为单价金属阳离子或铵离子、季铵离子（如 K^+、Na^+、NH_4^+、$NH_4R_{4-x}^+$ 等）[20]。MeFO 抗耐热性能良好，同时甲酸盐电离后的产物对介质中的酸性气体有中和作用，能抑制 H_2S 和 CO_2。此外，甲酸盐对硫酸盐还原菌等细菌的生长还具有一定的抑制作用。甲酸盐性质稳定，与其他添加剂兼容性良好，常作为工业加重剂。

1.3　CO_2 采出井防腐防垢技术研究

注入井筒的 CO_2 溶解到地层水中，形成碳酸，导致井下设备和管材出现严重的腐蚀问题[21]。此外，CO_2 驱油技术过程中会将汽水混注到地层水中，而地层水中含有易于结垢的离子，导致垢的生成难以避免。要减少 CO_2 腐蚀问题，有很多方法可供选择。其中，添加缓蚀剂和阻垢剂以控制油管和套管的腐蚀和结垢是最经济和有效的方法。

在 CO_2 驱采油过程中，注入井筒的 CO_2 溶于地层水生成的碳酸会对井筒管材造成严重的腐蚀。油气井井筒的腐蚀穿孔会造成井下设备的损坏等严重问题，从而使得整个油

田的产量急剧下降甚至报废停产，给油气田带来巨大的经济损失。CO$_2$驱油技术过程为汽水混注，当注入井筒的水与地层水不配伍时，混合盐水中易成垢阳离子和阴离子，可能在井筒中发生反应生成难溶的垢。例如，目标井的 Ca^{2+}含量为 805.13mg/L，HCO$_3^-$含量为771.05mg/L，根据饱和指数结垢预测模型，会有 CaCO$_3$结垢的倾向。

因此，必须采用合理、高效的方式控制油井管材的腐蚀与结垢。防腐与阻垢的措施很多，加注缓蚀剂与阻垢剂的措施因其操作简单、成本低廉、不受设备形状影响而被油气田广泛应用。而缓蚀剂与阻垢剂的性能强烈依赖腐蚀产物环境，并且多种试剂之间会存在协同与拮抗作用，每一种缓蚀剂与阻垢剂的应用都需要根据实际环境进行评价。

1. 采出井结垢机理

油气田生产中结垢的机理一般为两种：①当井筒中温度与压力发生变化时，地层水中物质的相对平衡发生破坏，会形成难溶于水的垢；②在 CO$_2$驱注采时，注入水与地层水中某种成垢的阴阳离子结合生成难溶于水的垢，并且粗糙的管壁与其他离子会促进垢的结晶析出，使得油气井井筒内的结垢更严重。

2. 采出井结垢影响因素

(1)温度。温度会影响不可溶物质的溶解度，大多数不可溶物质的溶解度会随温度的升高而减小。CaCO$_3$的结垢反应为吸热反应，在同样的压力下，CaCO$_3$的溶解度会随温度升高而减小，反应向生成 CaCO$_3$的方向移动，会产生更多的 CaCO$_3$垢。

(2)CO$_2$分压。CO$_2$分压主要影响成垢趋向，CaCO$_3$的溶解度随着 CO$_2$分压增大而增加。CaCO$_3$溶解度随压力变化趋势变化不大，而温度低时，压力的影响比高温时要大得多。由以上 CaCO$_3$形成反应可知，压力升高会减少垢的生成。

(3)pH。油气田水质的 pH 会影响液相介质中离子的结合，随着 pH 增大，溶液溶解度降低，便促进了成垢倾向，相反减弱成垢倾向。该作用对 CaCO$_3$垢的影响非常明显，对 CaSO$_4$次之。

(4)盐类含量。油气田水质的含盐量对管道结垢有影响，通常随着水中盐含量升高，垢的溶解度也增大，这是一种盐效应。一般水中含盐量对 CaCO$_3$垢的影响很大。

3. 常见的阻垢防护措施

油气田中对于防垢的措施主要分为物理防垢法、化学防垢法、工艺防垢法三种类型，其中最常用的方法是化学防垢法。①化学防垢法为加酸/注 CO$_2$和加阻垢剂法。加酸的作用是使流体的 pH 减小，从而阻止碱性垢的生成；②物理防垢主要包括涂层法、超声波法、强磁场法、电信号法 4 种；③选择和地层水配伍性好的注入水，从而减少因不相容而产生结垢，适当的控制油气井井筒内的流速与压差，可阻止因环境变化时平衡被破坏所引起的结垢，提高油管内流体的速度，也可避免垢的生成。

1.3.1　缓蚀剂研究进展

1. 油气田用缓蚀剂及其分类

一种以适当的浓度与形式存在于环境介质中，可以防护或者减缓腐蚀的化学物质或多种化学物质的混合物称为缓蚀剂。缓蚀剂常见的三种分类方法如表 1-2 所示。

表 1-2　缓蚀剂的分类

分类标准	类别
按作用机理分类	阳极型缓蚀剂：增加阳极极化
	阴极型缓蚀剂：抑制阴极反应
	混合型缓蚀剂：同时对阴极过程和阳极过程起到抑制作用
按化学成分分类	有机缓蚀剂：通过物理或化学吸附，形成保护膜来抑制金属腐蚀
	无机缓蚀剂：发生钝化作用以抑制阳极的溶解过程来抑制金属腐蚀
按成膜特性分类	吸附膜型
	氧化膜型
	沉淀膜型

2. 油气田用缓蚀剂作用机理

油气田常用的缓蚀剂是由电负性较大的极性基团与非极性基团组成的有机缓蚀剂，其作用机理包括以下三个方面。

(1) 极性基团在金属表面发生的物理吸附是基团中的离子以镦离子的形式与金属吸附，镦离子以静电力吸附在金属表面的阴极区域，使金属表面带正电荷，阻止了 H^+ 与金属表面的接触，从而减缓金属腐蚀。

(2) 极性基团在金属表面发生的化学吸附是极性基团中较大电负性的中心原子提供孤对电子与 Fe 的空轨道形成吸附键，从而在金属表面形成一层具有保护作用的膜[22]。

(3) 用缓蚀剂在金属表面的覆盖度来研究其吸附性，缓蚀剂吸附在金属表面，被覆盖的部分有了保护性将不会发生腐蚀，而裸露的部分将会被腐蚀。

3. 油气田用缓蚀剂的评价方法

(1) 腐蚀挂片失重法。腐蚀挂片失重法是评价缓蚀剂最经典的研究方法，可分为静态失重法与动态失重法。静态失重法是在一定的温度与压力条件下将金属挂片在腐蚀介质中放置一定的时间后测量其所减少的重量；动态失重法是模拟现场生产过程中腐蚀介质的流动来测量其减少的重量。

(2) 电化学方法。金属在电解池中的腐蚀溶解是腐蚀电池中阴阳极发生反应的过程，因此可以用电化学测试的方法来研究缓蚀剂的性能。通常采用极化曲线法与交流阻抗法：极化曲线法是通过阴阳极的极化曲线得出腐蚀体系的自腐蚀电位与自腐蚀电流密度；电化学阻抗法(electrochemical impedance spectroscopy，EIS)是以小振幅的正弦波电位(或者电流)作为扰动信号的电化学测试方法，能够得到更多的动力学信息和电极界面结构信息。

(3)量子化学计算法。1971 年沃斯塔(Vosta)首次采用休克尔分子轨道(Hückel molecular orbital，HMO)法来研究有机缓蚀剂，此后经过多年的发展，量子化学计算法已经成为研究吸附型的缓蚀剂性能的重要手段。量子化学计算法是量化参数来分析分子的活性，探讨缓蚀剂的作用机理。

1.3.2 阻垢剂研究进展

1. 油气田用阻垢剂及其分类

根据在油气田生产过程中形成垢的类型可将阻垢剂分为 4 类，具体的分类如表 1-3 所示。

表 1-3　阻垢剂的分类

类别	定义	特点
羧酸类	马来酸酐或丙烯酸为原料发生聚合或与其他单体形成共聚物	分子中含有羧基基团，对 Ca^{2+}、Ba^{2+}、Mg^{2+}、Fe^{3+}、Cu^{2+}等易成垢的阳离子有很强的螯合能力
磺酸类	以磺酸为原料发生聚合得到的一类聚合物	分子结构上含有大量的磺酸基团与羧酸基团
含磷共聚物	由无机单体次磷酸与其他有机单体共聚而成的一种聚合物	含有=PO(OH)基团和—COOH 基团
环境友好型	绿色无污染	环境友好、无污染、低磷/无磷配方、可生物降解

2. 油气田用阻垢剂作用机理

阻垢剂的作用机理可用螯合增溶作用、晶格畸变作用、凝聚与分散作用和再生-自解脱膜假说四种理论来解释。

(1)螯合增溶作用。阻垢剂的中心原子与易成垢的阳离子反应生成可溶性的络合物，从而阻止易成垢的阴阳离子结合，减少垢晶体的生成与沉积。

(2)晶格畸变理论。阻垢剂分子中电负性较大的中心原子与 $CaCO_3$ 垢晶体的 Ca^{2+}结合，使得垢晶体的晶格生长发生畸变，或使垢晶体内部的应力变大，从而使垢晶体结构松散易于破裂，阻碍了沉积垢的晶体继续生长。

(3)凝聚与分散作用。阻垢剂电离成的阴离子与 $CaCO_3$ 垢晶体碰撞时发生物理化学吸附反应，在晶核附近的扩散边界层聚集，形成双电层来阻碍成垢离子或分子簇在金属表面的聚集与沉积。

(4)再生-自解脱膜假说。聚丙烯酸类阻垢剂吸附在金属表面形成一层可与无机晶体一起沉淀的膜，当这层膜沉淀累积到一定厚度时，会在传热面上破裂并脱落。这层膜的不断生长与脱落会抑制垢晶体的生长。

3. 油气田用阻垢剂的评价方法

(1) 静态阻垢测试法。静态阻垢测试法是最常用的评价方法,静态阻垢测试法主要包含沉积法、鼓泡法、浊度法、临界 pH 法、pH 位移法、电导率法和诱导期法等,其优点为操作简单、不需要特殊仪器、实验条件简单[22]。

(2) 动态模拟法。动态模拟法是指最大程度模拟实际的使用环境,此类方法测得的阻垢分散性能最接近阻垢剂的实际应用效能。由于该类方法操作较复杂,分析测定有一定的难度,因此发展速度较慢。

参 考 文 献

[1] 石善志, 董宝军, 曾德智, 等. CO$_2$ 辅助蒸汽驱对四种钢的腐蚀性能影响模拟[J]. 西南石油大学学报(自然科学版), 2018, 40(4): 162-168.

[2] 曾德智, 董宝军, 石善志, 等. 高温蒸汽环境中 CO$_2$ 分压对 3Cr 钢腐蚀的影响[J]. 钢铁研究学报, 2018, 30(7): 548-554.

[3] 董宝军, 曾德智, 石善志, 等. 辅助蒸汽驱油环境中 CO$_2$ 分压对 N80 钢腐蚀行为的影响[J]. 机械工程材料, 2019, 43(1): 19-22, 26.

[4] 孙冲, 孙建波, 王勇, 等. 超临界 CO$_2$/油/水系统中油气管材钢的腐蚀机制[J]. 金属学报, 2014, 50(7): 811-820.

[5] 林海, 许杰, 范白涛, 等. 渤海油田井下管柱 CO$_2$ 腐蚀规律与防腐选材现状[J]. 表面技术, 2016, 45(5): 97-103.

[6] 常炜, 胡丽华. 温度对 X65 和 3%Cr 管线钢 CO$_2$ 腐蚀行为的影响[J]. 腐蚀与防护, 2012, 33(S2): 100-105.

[7] 朱烨森, 刘梁, 徐云泽, 等. 溶液 pH 和温度对 X65 管线钢焊缝非均匀腐蚀的影响[J]. 材料导报, 2022, 36(1): 150-156.

[8] 谷坛, 唐德志, 王竹, 等. 典型离子对碳钢 CO$_2$ 腐蚀的影响[J]. 天然气工业, 2019, 39(7): 106-112.

[9] 柴成文, 路民旭, 李兴无, 等. 改性咪唑啉缓蚀剂对碳钢 CO$_2$ 腐蚀产物膜形貌和力学性能的影响[J]. 材料工程, 2007, 35(1): 29-33, 36.

[10] 范金福, 刘猛, 张晓辰, 等. 多因素共同作用对 Q235B 钢管腐蚀行为的影响[J]. 石油机械, 2019, 47(2): 130-135.

[11] 张瑾, 许立宁, 朱金阳, 等. 高温高压 CO$_2$ 腐蚀环境中含 Cr 低合金钢耐蚀机理的研究进展[J]. 腐蚀与防护, 2017, 38(6): 456-460, 482.

[12] 张连业. 1Cr18Ni9Ti 油管在酸化作业环境下的腐蚀研究[J]. 钻采工艺, 2011, 34(6): 93-94, 104.

[13] 王娟, 燕永利, 杨志刚. 页岩气压裂返排液处理过程中的腐蚀防护技术[J]. 表面技术, 2016, 45(8): 63-67.

[14] 李自力, 程远鹏, 毕海胜. 油气田 CO$_2$/H$_2$S 共存腐蚀与缓蚀技术研究进展[J]. 化工学报, 2014, 65(2): 406-414.

[15] 程远鹏, 李自力, 刘倩倩, 等. 油气田高温高压条件下 CO$_2$ 腐蚀缓蚀剂的研究进展[J]. 腐蚀科学与防护技术, 2015, 27(3): 278-282.

[16] 吕拴录, 相建民, 常泽亮. 牙哈 301 井油管腐蚀原因分析[J]. 腐蚀与防护, 2008, 29(11): 706-709.

[17] 王霞, 杜大委, 朱智文. 芳基咪唑啉季铵盐缓蚀剂的制备及其性能研究[J]. 应用化工, 2012, 41(6): 931-933.

[18] 张玲玲, 李言涛, 杜敏, 等. 控制天然气井中 CO$_2$ 腐蚀的缓蚀剂及其研究进展[J]. 材料保护, 2006, 39(11): 37-42.

[19] 马刚, 顾艳红, 赵杰. 硫酸盐还原菌对钢材腐蚀行为的研究进展[J]. 中国腐蚀与防护学报, 2021, 41(3): 289-297.

[20] 郑力会, 张金波, 杨虎, 等. 新型环空保护液的腐蚀性研究与应用[J]. 石油钻采工艺, 2004, 26(2): 13-16.

[21] 张德平. CO$_2$ 驱采油技术研究与应用现状[J]. 科技导报, 2011, 29(13): 75-79.

[22] 李丛妮. 油田酸化缓蚀剂的研究进展[J]. 表面技术, 2016, 45(8): 80-86.

第2章 稀油油藏注入井管柱腐蚀行为研究和防腐措施

碳捕集与封存(carbon capture and storage，CCS)和 CO_2 强化驱油提高采收率(enhanced oil recovery，EOR)技术广泛应用于新疆、吉林等地的多个油气田，是实现经济发展与环境保护双赢的有效途径。一方面，作为一种高效的驱油剂，CO_2 气体将地层中的原油驱至生产井；另一方面，空气中多余的 CO_2 被储存在地层中，以实现 CO_2 的减排。尽管如此，油管中仍存在严重的防腐瓶颈，威胁 CO_2-EOR 的安全实施。

CO_2 气体被压缩成液体注入地层时，很容易变为超临界状态。一旦温度超过 31℃，压力超过 7.1MPa，CO_2 将处于超临界状态。截至 2021 年，已有研究详细报道了超临界 CO_2 环境中的钢材腐蚀(如 X70 钢和低 Cr 钢)，如 P110 钢主要在水相中发生一般腐蚀，而在超临界 CO_2 相中发生严重的局部腐蚀[1]。

为了避免套管腐蚀失效，油气田公司尝试了许多防腐措施，以确保井筒的操作安全。其中，防腐合金和环空保护液用于防止套管腐蚀。在 CO_2 腐蚀环境中，材料的耐腐蚀性随着 Cr 含量的增加而增加。然而，考虑到井筒成本和套管的不可更换性，耐腐蚀钢难以应用于套管。因此，常见做法是将环空保护液注入油管和套管之间的空间，以抑制套管的腐蚀并平衡井筒压力。环空保护液根据基础液的不同分为水基环空保护液和油基环空防护液。油基环空保护液具有良好的热稳定性和耐腐蚀性；水基环空保护液成本低廉，配制简便，防护效果出色。因此，开发适合 CO_2 驱的新型水基和油基环空保护液具有重要意义[2,3]。

本章首先分析 CO_2 驱注气井套管腐蚀风险，然后研制出适用于 CO_2 驱注气井的新型水基和油基环空保护液，最后在苛刻的环境中测试油基和水基环空保护液的保护效果。

2.1 CO_2 驱注入井套管腐蚀环境分析

通过对新疆油气田 CO_2 驱注气井资料进行分析，套管腐蚀与温度、CO_2 分压和相态密切相关。因此，在不同条件下进行套管腐蚀实验，具体实验方案见表 2-1。

表 2-1 具体测试方案

材料	测试周期/h	CO_2分压/MPa	温度/℃	溶液
P110 钢	72	10	30，60，90，120，150	模拟油气田采出水
		5，8，10，15，20	120	

2.2 注入井腐蚀实验方法

2.2.1 失重腐蚀实验

1. 材质与溶液

新疆油气田注 CO_2 驱注气井采用 P110 钢套管，从套管上切取试件。P110 钢的元素成分如表 2-2 所示。样品按美国材料实验协会（American Society of Testing Materials，ASTM）的标准加工成 30mm×15mm×3mm 的薄片，每个薄片表面用 200#、400#、600#、800#、1200#碳化硅砂纸打磨，消除机械加工划痕。然后，样品用石油醚脱脂，用酒精冲洗并用冷空气干燥。每个实验准备六个平行样品。其中，每次实验用三个样品计算腐蚀速率，两个样品分别观察表面和横截面的扫描电子显微镜（scanning electron microscope，SEM）形貌，最后一个用于 X 射线衍射（X-ray diffraction，XRD）分析。选择模拟油气田采出水（表 2-3）作为腐蚀性溶液（1.75L），向模拟油气田采出水中注入高纯氮气 12h，以确保除氧。

表 2-2 P110 钢的元素成分

材料	元素/%								
	C	Si	Mn	P	S	Cr	Mo	Ni	Fe
P110 钢	0.27	0.26	0.52	0.01	0.004	0.94	0.42	0.026	—

表 2-3 模拟油气田采出水的化学成分

项目	离子					
	Cl^-	SO_4^{2-}	HCO_3^-	Ca^{2+}	Mg^{2+}	Na^+/K^+
含量/(mg/L)	22286.25	38.28	771.05	805.13	78.38	13695.95

2. 高温高压釜测试

采用自行设计的 4.5L C276 合金高温高压釜进行模拟腐蚀实验。首先，将样品悬挂在支架上，并将支架放置在高温高压釜中的相应位置。其次，向高温高压釜中加入模拟油气田采出水，将氮气注入其中 3h，以充分去除氧气。然后，当高温高压釜被加热到所需的测试温度时，CO_2 也被注入高温高压釜。最后，高温高压釜通电，开始测试过程。

实验完成后，立即从高温高压釜中取出样品。使用 0.1L 盐酸（1.19g/cm³）、0.9L 蒸馏水和 10g 六甲基四胺的除垢溶液去除腐蚀产物，以计算腐蚀速率。其他用于形态观察和成分分析的样品用冷空气干燥并储存在干燥容器中。在实验前和实验后，在精度为 0.1mg 的电子天平中称量样品质量并记录，样品的腐蚀速率按式(2-1)计算。

$$v = 87600 \frac{\Delta m}{\rho A \Delta t} \tag{2-1}$$

式中，v 为每年的腐蚀速率，mm/a；Δm 是指质量损失，g；ρ 为材料密度，g/cm³；A 为总曝光表面积，cm²；Δt 为总曝光时间，h。

2.2.2　套管使用寿命计算

根据套管腐蚀速率数据，首先计算腐蚀油管的残余内压强度[4]。根据美国石油协会（American Petroleum Institute，API）《套管、油管、钻杆和管线管性能公式和计算通报（包括增补 1）》（5C3—1994）标准，油管的周向应力 σ 为

$$\sigma = \frac{P_i R}{2\delta} \tag{2-2}$$

油管使用 t 年后，油管壁厚为 δ_0，此时油管的周向应力为

$$\sigma = \frac{P_i R}{2\delta_0} = \frac{P_i R}{2(\delta - vt)} \tag{2-3}$$

油管的使用条件是周向应力小于材料的屈服强度：

$$P_{bo} = \frac{2\sigma_y(\delta - vt)}{R} \tag{2-4}$$

式中，δ 为管材的原始壁厚，mm；δ_0 是使用 t 年后管壁厚，mm；σ_y 是屈服强度，MPa；t 是服务时间，年；P_i 是油管上的内部压力，MPa；R 为原油管外径，mm；v 是腐蚀速率，mm/a；σ 为使用 t 年后油管的周向应力，MPa；P_{bo} 是油管的残余内压强度，MPa。

根据油管的载荷，得到了剩余内压安全系数与使用时间的关系。内压安全系数阈值为 1.15，预测了油管的剩余安全使用寿命。

2.2.3　表面观察与成分分析

通过扫描电子显微镜（Jeol，SEM JSM-6510A，日本）观察 P110 钢的微观形貌。P110 钢表面腐蚀产物的相组成由 X 射线衍射（CuKα，λ=0.154mm，Rigaku XRD，日本 D/Max-B 型）确定。使用基恩士激光共焦显微镜（Keyence VKX250，日本）观察 3D 形态。

2.3　套管腐蚀风险分析

2.3.1　失重腐蚀速率

根据表 2-1 的实验设计，采用高温高压釜进行腐蚀实验，P110 钢的腐蚀速率如图 2-1 所示。其中，图 2-1(a)和图 2-1(b)为超临界 CO₂ 环境中 P110 钢在不同温度下的腐蚀速率。P110 钢在超临界 CO₂ 饱和水相中的腐蚀速率都超过油气田腐蚀控制指标（0.076mm/a），

但 P110 钢在超临界 CO_2 相中的腐蚀速率相对较慢。随着温度的增加，P110 钢的腐蚀速率先增大后减小。P110 钢在不同 CO_2 分压下的腐蚀速率如图 2-1（c）和图 2-1（d）所示。随着 CO_2 分压的增加，P110 钢在超临界 CO_2 饱和水相中的腐蚀速率逐渐增大；而 P110 钢在超临界 CO_2 相中的腐蚀速率先增大后减小。

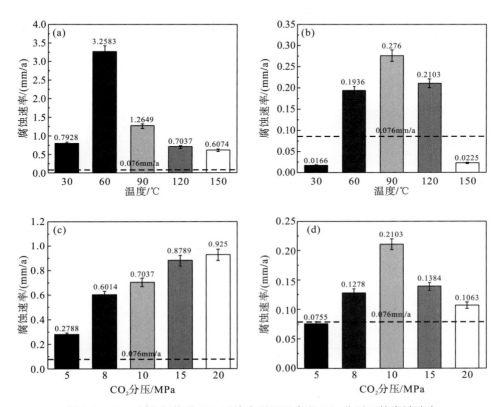

图 2-1 P110 钢在超临界 CO_2 环境中不同温度和 CO_2 分压下的腐蚀速率

注：(a)(c)为超临界 CO_2 饱和水相；(b)(d)为超临界 CO_2 相。

2.3.2 套管安全使用寿命预测

根据套管安全使用寿命的理论基础，本书预测了套管剩余安全使用寿命。图 2-2 为 P110 钢套管在不同温度和 CO_2 分压下的剩余抗挤强度。由图 2-2 可知，P110 钢使用寿命超过 3.5a 时，其在 60℃时的剩余抗挤强度急剧下降。P110 钢套管在不同温度和 CO_2 分压下的安全使用寿命如图 2-3 所示。根据图 2-2、图 2-3 可知，P110 钢套管在超临界 CO_2 相中的安全使用寿命超过 30a，满足油气田要求。然而，令人担忧的是，在超临界 CO_2 饱和水相环境中套管的安全使用寿命相对较短，甚至不到 15a。因此，为了延长 P110 钢套管的安全使用寿命，必须采取一定的防腐措施，避免套管在超临界 CO_2 饱和水相环境中的腐蚀。

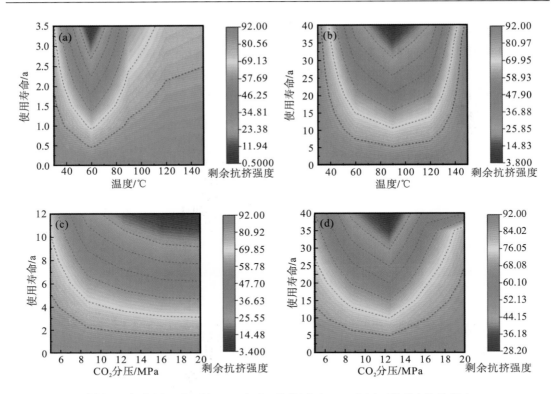

图 2-2　超临界 CO₂ 环境 P110 钢在不同温度和 CO₂ 分压下的剩余抗挤强度

注：(a)(c) 为超临界 CO₂ 饱和水相；(b)(d) 为超临界 CO₂ 相。

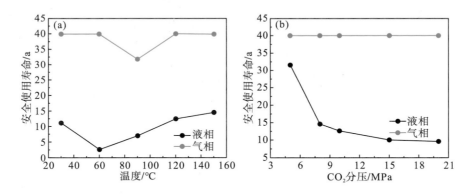

图 2-3　P110 钢在超临界 CO₂ 环境中不同温度和 CO₂ 分压下的安全使用寿命

2.3.3　套管腐蚀产物膜的特性

1. 微观形貌观察

图 2-4 和图 2-5 为超临界 CO₂ 环境中 P110 钢在不同温度和不同 CO₂ 分压下腐蚀产物的微观形貌。由图 2-4 可知，超临界 CO₂ 相与超临界 CO₂ 饱和水相环境中腐蚀产物形貌存在显著差异。随着温度的升高，P110 钢表面的腐蚀产物膜逐渐致密。P110 钢在超临界

CO_2 相中的腐蚀产物与水膜的沉积有关，而在超临界 CO_2 饱和水相中的腐蚀产物与晶体的形核和生长有关。此外，由于高温对水膜吸附的抑制，P110 钢在 150℃时的腐蚀产物相对较少。

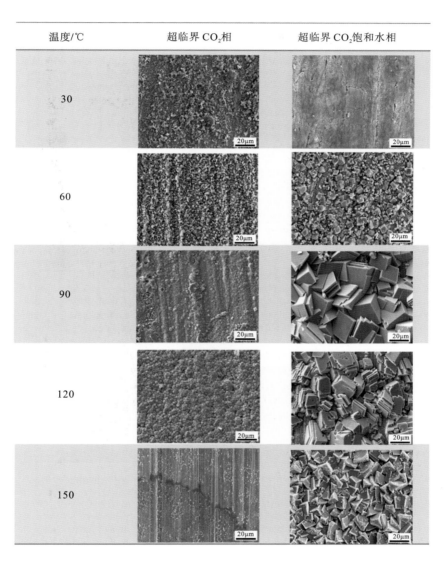

图 2-4　超临界 CO_2 环境中 P110 钢在不同温度下的腐蚀产物微观形貌

由图 2-5 可知，P110 钢在超临界 CO_2 饱和水相和超临界 CO_2 相中的腐蚀形态完全不同。对于超临界 CO_2 相，钢表面腐蚀产物晶体紧密结合，甚至连接成碎片。然而，对于超临界 CO_2 饱和水相，立方晶体的尺寸随着 CO_2 分压的升高而增大，晶体之间的孔隙变大，导致腐蚀溶液对金属的进一步腐蚀，推断超临界 CO_2 饱和水相中的腐蚀速率随着分压的增加而继续增大。

CO_2分压/MPa	超临界 CO_2相	超临界 CO_2饱和水相
5		
8		
10		
15		
20		

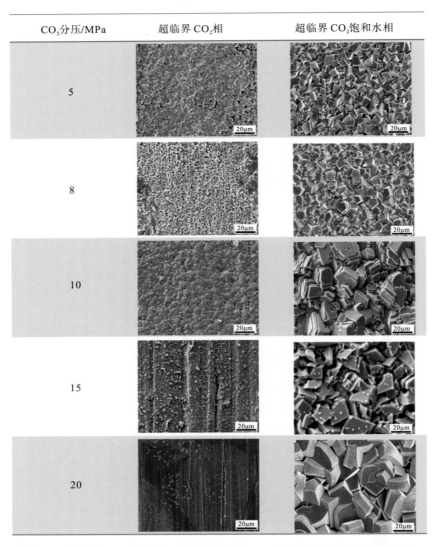

图 2-5 超临界 CO_2 环境中 P110 钢在不同 CO_2 分压下的腐蚀产物微观形貌

2. 腐蚀产物成分分析

图 2-6 为 P110 钢在超临界 CO_2 环境中腐蚀产物的 XRD 光谱。由图 2-6 可知，P110 钢的腐蚀产物由 $FeCO_3$组成。此外，超临界 CO_2 饱和水相中 $FeCO_3$峰多于超临界 CO_2 相。

3. 套管点蚀分析

图 2-7 为 P110 钢在超临界 CO_2 环境中清洗腐蚀产物后的 3D 形貌。P110 钢在超临界 CO_2 相表面发生了严重的点蚀。随着温度和 CO_2 分压的增加，P110 钢表面的腐蚀坑数量逐渐增加，说明温度和 CO_2 分压促进 P110 钢的点蚀。P110 钢表面点蚀坑与水膜的吸附密切相关。水膜吸附区出现严重的点蚀，而非吸附区腐蚀相对平缓。在超临界 CO_2 饱和水相中 P110 钢主要发生均匀腐蚀。

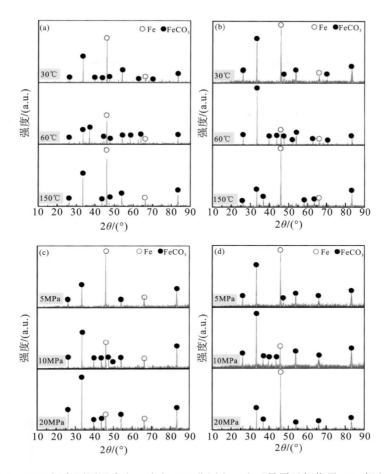

图 2-6　P110 钢在不同温度(a, b)和 CO_2 分压(c, d)下暴露于超临界 CO_2 相(a, c)和超临界 CO_2 饱和水相(b, d)腐蚀产物的 XRD 光谱

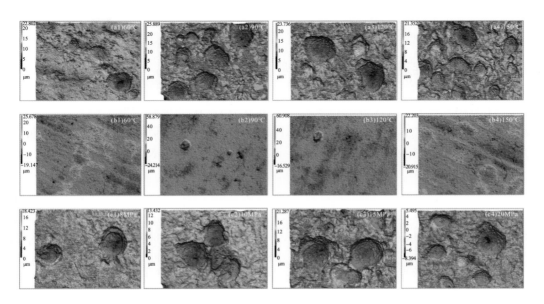

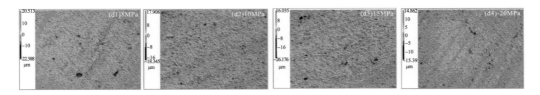

图 2-7　P110 钢在不同温度(a1~a4；b1~b4)和 CO₂ 分压(c1~c4；d1~d4)下暴露于超临界 CO₂
相(a1~a4；c1~c4)和超临界 CO₂ 饱和水相(b1~b4；d1~d4)中的 3D 形貌

2.4　温度和 CO_2 分压加速点蚀机理

2.4.1　温度促进水膜沉积的机理

　　水分子在超临界 CO_2 相中移动时，部分水分子与钢表面碰撞并吸附在其表面上形成水膜[图 2-8(a)]。随着温度的升高，超临界 CO_2 相的密度降低，水分子在超临界 CO_2 相中的迁移速度加快[图 2-8(b)]，促使样品表面生成大量水膜。然而，温度过高会抑制水膜的吸附，导致钢表面吸附的水膜减少[5]。

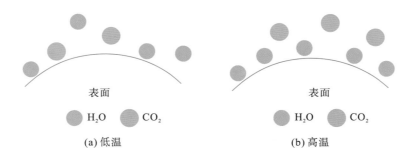

图 2-8　水膜沉积示意图

2.4.2　CO_2 分压促进水膜沉积的机理

　　式(2-5)用于计算水在 CO_2 中的溶解度。根据式(2-5)，H_2O 在气态 CO_2 环境中的溶解度远低于超临界 CO_2 环境中的溶解度。因此，超临界 CO_2 环境中 H_2O 的冷凝量大于 CO_2 环境。因此，在超临界 CO_2 环境中碳钢表面积累了较多的水膜。随着 CO_2 分压的增加，水的溶解度逐渐增大，导致更多的水膜吸附在钢表面。

$$S_{H_2O} = \frac{n_{H_2O}}{n_{CO_2}} \cdot \frac{\rho_{CO_2} y_{H_2O}}{1 - y_{H_2O}} \tag{2-5}$$

式中，S_{H_2O} 为 H_2O 的溶解度；n_{H_2O} 和 n_{CO_2} 分别为 H_2O 和 CO_2 的物质的量；y_{H_2O} 为 H_2O 在气态 CO_2 中的溶解度，以摩尔分数表示；ρ_{CO_2} 为 CO_2 浓度。

2.5　油基环空保护液的研制

2.5.1　研制思路

图 2-9 为 CO_2 驱注气井油基环空保护液的研发思路。油基环空保护液的研发过程主要包括基础油的筛选、缓蚀剂和乳化剂的筛选、单次剂量的协同评价和油基环空保护液的整体性能评价[6,7]。

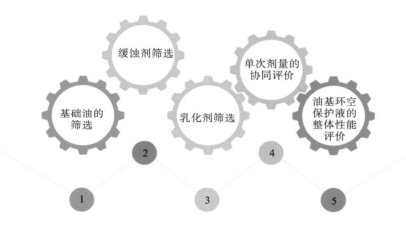

图 2-9　CO_2 驱注气井油基环空保护液的研发思路

2.5.2　单剂的筛选

1. 基础油的筛选

基础油的筛选需要考虑许多因素，主要包括环境保护、经济性和安全性。基础油的污染主要取决于基础油中多环芳烃(polycyclic aromatic hydrocarbons，PAHs)的含量。多环芳烃含量越低，污染越小。此外，油基环空保护液必须加注基础油，这造成了高昂的经济成本。由于井筒中的高温高压环境，基础油的闪点是一个重要因素。因此，在选择环空保护液基础油时，应综合考虑经济、环保和安全因素[8]。

各种油品的经济性和环保性比较见表 2-4。就价格而言，柴油相对便宜，但柴油发动机机油更贵。从环境污染角度来看，白油和机油符合环保要求，柴油污染相对较严重。根据闪点，柴油闪点较低，而白油和发动机机油闪点较高，安全性较好。最后对三种油的六个油品进行了综合比较，1 号油品具有闪点高、价格低、环境污染小等优点。因此，综合考虑上述因素，选择 1 号油作为油基环空保护液的基础油。

表 2-4   各种油品的经济性和环保性比较

序号	类型	闪点/℃	密度/(g/mL)	价格/(元/t)	PAHs 含量/%
1	白油	140	0.844	7000	0.3
2		150	0.877	7400	0.3
3	柴油	56	0.853	4800	4.1
4		55	0.818	5500	5.2
5	机油	230	0.855	40000	0.3
6		210	0.921	12400	2.2

注：PAHs 含量越小，表明污染程度越轻。

2. 缓蚀剂的筛选

1) 缓蚀剂的油溶性评价实验

抗 CO$_2$ 腐蚀缓蚀剂的选择是根据油气田特定的环境进行选择的，如果缓蚀剂与基础油的配伍性不好，两者混合后容易产生分层或沉淀，将严重地影响缓蚀剂的使用效果。因此，必须首先评价缓蚀剂与基础油的配伍性[9]。

对收集到的咪唑啉类、季铵盐类、有机胺类等 9 种抗 CO$_2$ 缓蚀剂进行油溶性评价实验，分别用序号 1～9 号表示；实验所用基础油为从表 2-4 中筛选出的油（1 号油）；实验所用器材有烧杯、量筒、比色管、恒温水浴锅等。由于缓蚀剂油溶性实验目前并未建立标准，因此本实验参考《油田采出水处理用缓蚀剂性能指标及评价方法》（SY/T 5273—2014）中的水溶性测试步骤执行。

（1）将各缓蚀剂分别加入 1 号油中，在比色管中配成体积分数为 10%的溶液，观察缓蚀剂在基础油中的分散情况，作为评价缓蚀剂油溶性的依据。

（2）将恒温水浴锅电源接通，并将温度设定到 30±1℃；用量筒量取 45±1mL 的 1 号油加入比色管中，并用 10mL 量筒量取 5±0.1mL 的缓蚀剂样品加入其中，充分摇匀 5min，再将已混合均匀的缓蚀剂油溶液的比色管置于已恒温的水浴锅中，分别观察并记录恒温后 30min 的现象。

2) 油溶性测试结果

表 2-5 为缓蚀剂与 1 号油油溶性结果。缓蚀剂（1～5 号）与 1 号油充分混合，分散性较好，符合缓蚀剂与基础油的相容性要求。因此，采用电化学方法对 1～5 号缓蚀剂进行了进一步筛选，得到了最佳缓蚀剂及其浓度。

表 2-5   缓蚀剂与 1 号油的油溶性结果

缓蚀剂	现象（静置 30min）	评价结果
1 号	均一性	分散性好
2 号	均一性	分散性好

续表

缓蚀剂	现象(静置 30min)	评价结果
3 号	均一性	分散性好
4 号	均一性	分散性好
5 号	均一性	分散性好
6 号	溶液分层	分散性差
7 号	溶液分层	分散性差
8 号	溶液分层	分散性差
9 号	溶液分层	分散性差

3) 缓蚀剂的电化学筛选实验

采用传统的三电极体系进行缓蚀剂的筛选实验,其中,工作电极为 N80 钢,参比电极为饱和甘汞电极,辅助电极为铂电极。首先,将 N80 钢加工成 10mm×10mm×3mm 的试片,然后,利用锡焊将试片与铜导线连接,然后用环氧树脂对其进行封固,暴露出 10mm×10mm 的电极工作面。试片依次经过 240#、400#、600#、800#、1000# 和 1200# 的碳化硅砂纸打磨至平整光亮,使试片的表面无明显划痕,然后用蒸馏水冲洗,石油醚去油,无水乙醇除水,冷风吹干。

向 1000mL 的模拟溶液中持续通 CO_2,以去除溶液中的 O_2 并使 CO_2 达到饱和,再将电化学工作站与三电极体系连接。电化学实验温度为 60℃,待数值稳定后即可以得到开路电位。极化曲线测试的扫描范围为 $-0.6 \sim 1.4V$(相对于开路电位),扫描速率为 1mV/s。钢在含有缓蚀剂的腐蚀溶液中的自腐蚀电流密度是评价缓蚀效果的关键参数。钢的自腐蚀电流密度越小,表明缓蚀剂的缓蚀效果越好。

根据《金属和合金的腐蚀　电化学试验方法　恒电位和动电位极化测量导则》(GB/T 24196—2009)的方法进行缓蚀剂筛选实验,并依据实验结果筛选出缓蚀效果最佳的缓蚀剂。具体开展实验如表 2-6 所示。

表 2-6　缓蚀剂筛选电化学测试实验

缓蚀剂类别	缓蚀剂浓度/(mg/L)	CO_2 分压/MPa	温度/℃	腐蚀介质
空白	0	0.1	60	模拟地层水
1 号	200	0.1	60	模拟地层水
2 号	200	0.1	60	模拟地层水
3 号	200	0.1	60	模拟地层水
4 号	200	0.1	60	模拟地层水
5 号	200	0.1	60	模拟地层水

4）缓蚀剂的电化学筛选结果

图 2-10（a）为 P110 钢在不同缓蚀剂中的自腐蚀电流密度 I_{corr}。在含 5 号缓蚀剂的腐蚀溶液中，钢的腐蚀电流密度最低，说明 5 号缓蚀剂的缓蚀性能最好。因此，选择 5 号作为油基环空保护液的缓蚀剂。

在确定合适的缓蚀剂浓度时，必须考虑缓蚀剂的缓蚀效果和价格。P110 钢在不同浓度的 5 号缓蚀剂中的腐蚀电流密度 I_{corr} 如图 2-10（b）所示。随着缓蚀剂浓度的增加，P110 钢的腐蚀电流密度逐渐减小。此外，当缓蚀剂浓度超过 800mg/L 时，缓蚀剂的缓蚀率非常接近，继续提高缓蚀剂的浓度对缓蚀率并没有明显效果。因此，5 号缓蚀剂的最佳浓度为 1000mg/L。根据以上分析结果，油基环空保护液的配方为 1 号油和 5 号缓蚀剂（浓度为 1000mg/L）。

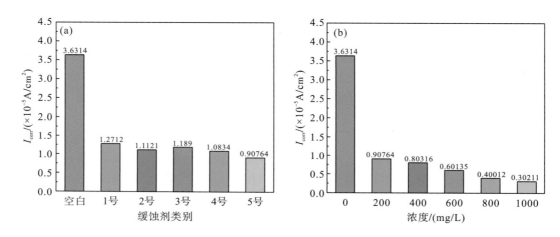

图 2-10   P110 钢在不同缓蚀剂（a）和不同浓度 5 号缓蚀剂（b）中的腐蚀电流密度

3. 乳化剂的筛选

环空中的水主要来自环空底部的积水、环空壁上凝结的水滴和流入井筒的水蒸气。因此，有必要添加乳化剂以隔离钢和井筒中的水。乳化剂是一种表面活性剂，其分子结构中既有亲水基团又有亲油基团。在油水体系中加入乳化剂，水和油可以互溶，形成完全分散的乳状液，将管内和井筒中的水分离[10,11]。

1）乳化剂、缓蚀剂和基础油的相容性实验

静置 24h 后，将 5% 的乳化剂与 10% 的水和 1 号油混合，如图 2-11（a）所示。B02 乳化剂的乳化层厚度比 B01 和 B03 乳化剂大，且仅分为两层，说明 B02 的乳化效果较好。5 号缓蚀剂与 B02 乳化剂混合，静置 24h 后，如图 2-11（b）所示。混合溶液均匀，表明乳化剂与 5 号缓蚀剂具有良好的相容性。

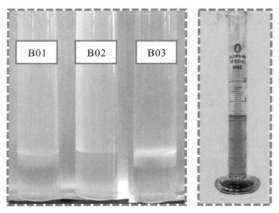

(a) B01、B02和B03乳化　　　　(b) 5号缓蚀剂与B02乳化

图 2-11　油和缓蚀剂与乳化剂的相容性实验

2) 乳化剂、缓蚀剂和基础油的相协同性实验

根据表 2-7 中列出的基础油、乳化剂、缓蚀剂相协同实验条件，筛选出最佳缓蚀剂浓度为 1000mg/L 的 1 号油、5 号缓蚀剂和乳化剂 B02。然而，在油溶液中混合缓蚀剂和乳化剂的相协同效应需要进一步进行评估。

表 2-7　基础油、乳化剂、缓蚀剂相协同实验条件

乳化剂	材质	温度/℃	压力	时间/h	腐蚀溶液			
					1 号油	乳化剂	5 号缓蚀剂	CO_2 饱和水溶液
B01					√	—	√	—
B02	P110 钢	60	大气压	72	√	√	√	√
B03					√	—	√	√

注：√表示添加该成分，—表示未添加该成分。

图 2-12 是 P110 钢在不同实验条件下的腐蚀速率。加入缓蚀剂后，P110 钢的腐蚀速率明显降低，远低于油气田腐蚀控制指标 0.076mm/a，说明缓蚀剂具有良好的缓蚀效果。

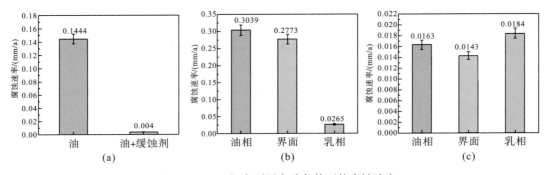

图 2-12　P110 钢在不同实验条件下的腐蚀速率

向溶液中添加乳化剂时，P110 钢的腐蚀速率相对较慢，说明乳化剂的添加影响油基环空保护液的缓蚀性能。因此，油基环空保护液的配方设定为 1 号油和浓度为 1000mg/L 的 5 号缓蚀剂。

2.5.3 理化性能实验

油基环空保护液填充在油管和套管间的环空中，以平衡井筒压差和减缓钢的腐蚀，其性能取决于井筒环境[12]。因此，油基环空保护液在使用前需要测试其物理和化学性能，包括闪点、倾点和密度。其中，测试闪点是为了防止油基环空保护液过热引起火灾和爆炸；测试倾点是为了防止油基环空保护液因井筒温度低而冻结；测试密度用于平衡井底环空压力。闪点测试使用开口闪点测定仪（BSD—1），方法参照《石油产品　闪点和燃点的测定　克利夫兰开口杯法》（GB/T 3536—2008），测得闪点大于 160℃。倾点测试使用倾点测试仪（VNQ2000），方法参照《石油产品倾点测定法》（GB/T 3535—2006），测得倾点为-23℃。密度测试使用密度测试仪（ODMD300A），方法参照《液体石油化工产品密度测定法》（GB/T 2013—2010），测得密度为 0.85g/cm³。油基环空保护液的物理和化学性质见表 2-8 所示。

表 2-8　油基环空保护液的物理和化学性质

闪点/℃	倾点/℃	密度/(g/cm³)
>160	-23	0.85

2.5.4 油基环空保护液的耐蚀性实验

根据腐蚀寿命的计算结果，在 60～120℃或 10MPa 的腐蚀环境下套管面临着巨大的风险。因此，本节着重分析 P110 钢在 60～120℃和 10MPa 油基环空保护液中的腐蚀行为。此外，油基环空保护液注入井环空时，套管面临三种腐蚀环境。其中，超临界 CO₂ 相模拟环空未充保护液时的腐蚀环境，超临界 CO₂ 饱和水相模拟环空底部有水时的腐蚀环境，油相模拟环空充满保护液时的腐蚀环境[13]。评价油基环空保护液保护效果的实验条件如表 2-9 所示。

表 2-9　评价油基环空保护液保护效果的实验条件

材料	测试时间/h	CO₂分压/MPa	温度/℃	溶液
P110 钢	72	10	60，90，120	油基环空保护液；模拟油气田采出水

图 2-13（a）为不同温度下 P110 钢在油基环空保护液中的腐蚀速率。P110 钢在油基环空保护液中的腐蚀速率小于 0.076mm/a，表明油基环空保护液的保护性能满足油田要求。图 2-13（b）为不同温度下 P110 钢在油基环空保护液中的缓蚀速率。值得注意的是，

油基环空保护液在 120℃、超临界 CO_2 饱和水相中的缓蚀速率可达 98%，说明油基环空保护液在 120℃时仍具有良好的耐温性。

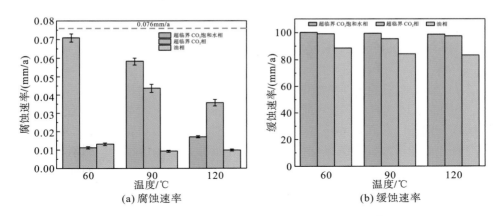

(a) 腐蚀速率　　　　　　　　　　　　(b) 缓蚀速率

图 2-13　不同温度下油基环空保护液中 P110 钢的腐蚀速率和缓蚀速率

　　图 2-14 为 P110 钢在不同温度下浸泡于油基环空保护液中的微观形貌。超临界 CO_2 相中 P110 钢表面分散着少量的腐蚀产物。油相 P110 钢表面只能观察到加工划痕。超临界 CO_2 饱和水相中的腐蚀产物堆积分布较集中。P110 钢的微观形貌说明所研制的环空保护液对 P110 钢有良好的保护作用。

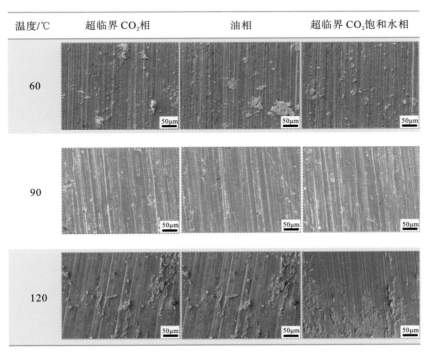

图 2-14　P110 钢在不同温度下浸泡于油基环空保护液中的微观形貌

2.6 水基环空保护液的研制

2.6.1 水基环空保护液适用环境分析

图 2-15 为 CO_2 驱注气井示意图。根据新疆油气田提供的井筒资料，环空压力大于10MPa。因为注入环空的水在注入前储存在一个暴露于氧气的环境中，导致注入水中存在微量溶解氧。此外，注入水中还富含硫酸盐还原菌、铁细菌和腐生菌等，导致套管微生物腐蚀严重。由此可知，水基环空保护液中的主要添加剂为缓蚀剂、除氧剂和杀菌剂。由于水基环空保护液是在低温下使用的，因此在水基环空保护液中应加入降凝剂[14-16]。此外，要求水基环空保护液的密度为 $1.0\sim1.2g/cm^3$，因此还需向环空保护液中加入加重剂调整其密度。

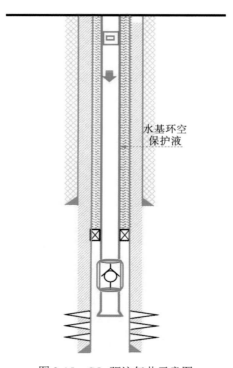

图 2-15　CO_2驱注气井示意图

2.6.2 实验方法

图 2-16 为适用于 CO_2 驱注水井的水基环空保护液的研制思路。水基环空保护液的研制主要包括：添加剂筛选、添加剂配比设计、添加剂之间的协同作用测试和水基环空保护液的性能评价[17]。

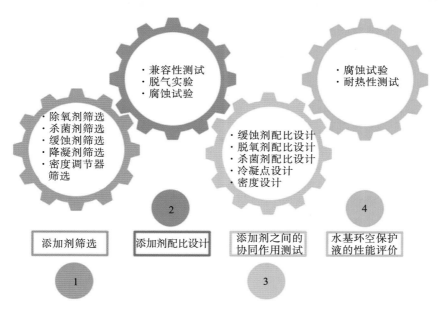

图 2-16　适用于 CO_2 驱注水井的水基环空保护液的研制思路

如果添加剂与环空注入水的配伍性差，添加剂和环空注入水易析出沉淀，影响添加剂的使用效果。因此，必须首先考虑添加剂与环空注入水之间的配伍性。根据《油田采出水处理用缓蚀剂性能指标及评价方法》（SY/T 5273—2014），对添加剂和环空注入水的配伍性进行了评价。环空注入水的化学成分如表 2-10 所示。除氧剂筛选实验按《除氧剂性能评价方法》（SY/T 5889—2010）进行。冰点实验按《石油产品凝点测定法》（GB/T 510—2018）进行，杀菌剂筛选实验采用细胞仪（BSY-179D）按《油田注入水杀菌剂通用技术条件》（SY/T 5757—2010）进行。密度调节器筛选实验采用泥浆比重计（NB-1）按《石油产品凝点测定法》（GB/T 510—2018）进行。

表 2-10　环空注入水的化学成分

项目	离子					
	Cl^-	SO_4^{2-}	HCO_3^-	Ca^{2+}	Mg^{2+}	Na^+/K^+
含量/(mg/L)	22286.25	38.28	771.05	805.13	78.38	13695.95

依据《油田采出水处理用缓蚀剂性能指标及评价方法》（SY/T 5273—2014），在有机玻璃容器（1L）上，采用传统的三电极系统，使用 Corrtest CS350 工作站，将 N80 钢作为工作电极，测试表面积为 $0.7854cm^2$，将铂片作为对电极，将饱和甘汞电极作为参比电极。腐蚀溶液为含饱和 CO_2 气体的环空注入水，实验温度为 60℃。实验前，工作电极在溶液中的开路电位达到稳定。极化曲线电位扫描范围为-0.4V～0.4V，扫描速率为 0.5mV/s。

在 P110 钢和 N80 钢油管上切取 30mm×15mm×3mm 的试样，其化学成分见表 2-11。随后用 300#、600#、800#和 1200#的碳化硅砂纸对每个样品的表面进行抛光，以去除加工划痕。然后用石油醚脱脂，去离子水清洗，在冷空气中干燥。在实验前，将 CO$_2$ 通入去离子水中，直至其饱和。

表 2-11　P110 钢和 N80 钢的化学成分(%)

类别	C	Si	Mn	P	S	Cr	Mo	Ni	Ti	Cu	Fe
P110 钢	0.27	0.26	0.62	0.014	0.003	0.089	0.002	0	0	0.02	余量
N80 钢	0.33	0.25	1.23	0.009	0.037	0.21	0	0.005	0.01	0	余量

采用 316L 不锈钢高温高压釜(4L)进行模拟腐蚀实验。首先，在高温高压釜中通入 CO$_2$ 气体进行除氧，并将样品固定在高压釜中。然后，将饱和 CO$_2$ 模拟溶液倒入高压釜中，使样品分别处于水相(超临界 CO$_2$ 饱和水相)和气相(超临界 CO$_2$ 相)。利用氮气(氮气含量为 99.99%)对高压釜进行吹扫除氧。高压釜密封后开始升温，调整釜内 CO$_2$ 分压直至实验压力。

实验结束后，取出试样，立即用混合溶液(3%盐酸和 1%六甲基四胺)冲洗，除去腐蚀产物，然后用去离子水、无水乙醇洗涤，用冷空气干燥。腐蚀实验前后，用精度为 1mg 的电子天平称取试样质量，记录质量值。根据式(2-6)计算腐蚀速率：

$$C_R = 87600 \frac{\Delta m}{\rho A \Delta t} \tag{2-6}$$

式中，C_R 为腐蚀速率，mm/a；Δm 为腐蚀实验前后试样的质量之差，g；ρ 为试样密度，g/cm^3；A 为试样表面积，cm^2；Δt 为腐蚀时间，h。

用扫描电子显微镜(SEM，JSM-6510)观察了试样表面腐蚀产物的微观形貌。

2.6.3　水基环空保护液添加剂的筛选

1. 除氧剂的筛选

四种除氧剂除氧机理如下。

(1)丙酮肟：

$$2C_3H_7NO + O_2 \longrightarrow 2C_3H_6CO + N_2O + H_2O \tag{2-7}$$

$$4(CH_3)_2C{=}N{-}OH + O_2 \longrightarrow 4(CH_3)_2C{=}O + 2N_2 + 2H_2O \tag{2-8}$$

(2)碳酰肼：

$$CON_4H_6 + 2O_2 \longrightarrow 2N_2 + 3H_2O + CO_2 \tag{2-9}$$

(3)无水亚硫酸钠：

$$2Na_2SO_3 + O_2 \longrightarrow 2Na_2SO_4 \tag{2-10}$$

(4) D-异抗坏血酸钠：

$$2C_6H_7NaO_6+O_2 \longrightarrow 2C_6H_5NaO_6+2H_2O \qquad (2-11)$$

表 2-12 为除氧剂的配伍性实验结果。图 2-17 为含不同除氧剂的环空注入水溶解氧测定结果和不同除氧剂的除氧率。结果表明，无水亚硫酸钠和 D-异抗坏血酸钠的除氧效果非常显著。因此，采用无水亚硫酸钠和 D-异抗坏血酸钠进一步评价与其他添加剂的协同性。

表 2-12　除氧剂的配伍性实验结果

添加剂	类型	现象（静置 30min，60℃）	评价结果
除氧剂	丙酮肟	均匀	配伍性良好
	无水亚硫酸钠	均匀	配伍性良好
	碳酰肼	均匀	配伍性良好
	D-异抗坏血酸钠	均匀	配伍性良好

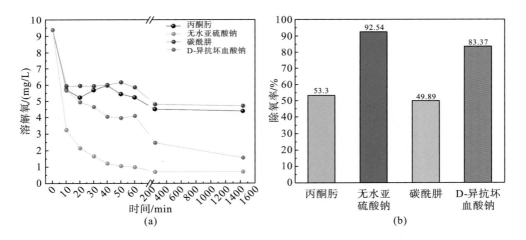

图 2-17　含不同除氧剂的环空注入水溶解氧测定结果 (a) 和不同除氧剂 (b) 的除氧率

2. 杀菌剂的筛选

油气田用杀菌剂分为氧化性杀菌剂和非氧化性杀菌剂，氧化性杀菌剂包括 Cl$_2$、次氯酸以及高铁酸盐等；非氧化性杀菌剂包括季铵盐、二硫氰基甲烷、醛类和氯酚类有机物[18-20]。考虑到氧化性杀菌剂对钢材的腐蚀性，选用非氧化性杀菌剂[季铵盐杀菌剂 (2-B)、改性季铵盐杀菌剂 (J-1)、戊二醛复合杀菌剂 (CT4-45)、戊二醛杀菌剂 (CT4-42)] 进行杀菌剂实验。表 2-13 为杀菌剂的配伍性实验结果，结果表明四种杀菌剂的配伍性良好。

表 2-13   杀菌剂配伍性实验

添加剂	类型	现象(静置 30min，60℃)	评价结果
杀菌剂	2-B	均相	配伍性良好
	J-1	均相	配伍性良好
	CT4-45	均相	配伍性良好
	CT4-42	均相	配伍性良好

季铵盐杀菌剂(2-B)是一种阳离子表面活性剂，其杀菌原理是阳离子通过静电力、氢键以及表面活性剂分子与蛋白质分子间的疏水结合等作用，吸附带负电荷的细菌体，聚集在细胞壁上，产生室阻效应，致使细菌生长受抑而死亡[21]。改性季铵盐杀菌剂(J-1)杀菌原理与季铵盐杀菌剂相似，这类杀菌剂由于其疏水基含有水溶性基团，可以提高季铵盐在油水中的分散度，增加表面活性剂的表面活性，加强药剂对细菌菌体的吸附作用，增强了其杀菌效果。戊二醛复合杀菌剂(CT4-45)及戊二醛杀菌剂(CT4-42)对微生物的杀灭作用主要依靠醛基，醛基作用于菌体多肽，使基团烷基化，使细菌失去活性[22-24]。

图 2-18 为不同浓度杀菌剂的杀菌率，CT4-42 和 CT4-45 杀菌剂对所有细菌均有极强的抑制作用。因此，采用 CT4-42 和 CT4-45 杀菌剂评价与其他添加剂的协同效应。

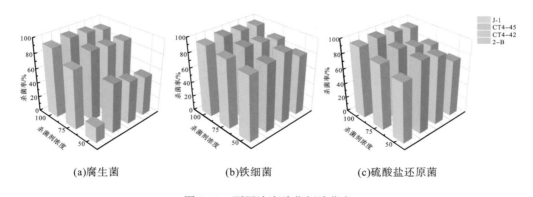

(a)腐生菌   (b)铁细菌   (c)硫酸盐还原菌

图 2-18   不同浓度杀菌剂杀菌率

3. 缓蚀剂的筛选

选用咪唑啉缓蚀剂(XCN20)、羧酸化合物缓蚀剂(CT2-17)、咪唑啉配合物缓蚀剂(CT2-19C)、季铵盐缓蚀剂(1019-2)进行了缓蚀剂筛选。咪唑啉配合物因其特殊的环状结构，有较强的吸附中心，能在金属表面形成致密的吸附膜。季铵盐氮原子和链状吸附结构具有更强的吸附能，进而吸附在金属表面[25]。

图 2-19 为 N80 钢在不同缓蚀剂中的自腐蚀电流密度。结果表明，与其他缓蚀剂相比，XCN20 缓蚀剂的自腐蚀电流密度最小。因此，采用 XCN20 缓蚀剂来评价与其他缓蚀剂的协同作用。

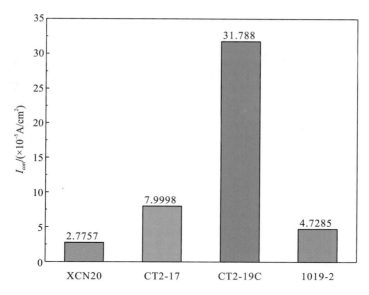

图 2-19　N80 钢在不同缓蚀剂中的自腐蚀电流密度

　　图 2-20 和表 2-14 为四种缓蚀剂的配伍性实验结果。由于咪唑啉、季铵盐中存在亲水基，因此它的水溶性良好。模拟水溶液中存在的无机盐使长链羧酸溶解度降低，因此羧酸复合缓蚀剂水溶性明显较差。综合配伍性和电化学结果，拟采用 XCN20 作为备选缓蚀剂开展下步复配工作[26]。

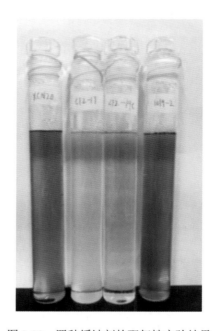

图 2-20　四种缓蚀剂的配伍性实验结果

表 2-14 缓蚀剂的配伍性实验

添加剂	类型	现象(静置 30min，60℃)	评价结果
缓蚀剂	XCN20 咪唑啉	溶液呈均相	配伍性良好
	CT2-17 羧酸化合物	溶液呈均相，有乳白色絮状物	配伍性差
	1019-2 季铵盐	溶液呈均相	配伍性良好
	CT2-19C 咪唑啉配合物	溶液呈均相	配伍性良好

4. 降凝剂筛选

降凝剂的加入可以保障水基环空保护液在低温环境中的正常使用。多元醇中含有的羟基(—OH)，增加了分子之间形成氢键的概率，而氢键的形成有助于在液态情况下中分子间的缔合，进而降低液体系统总能量而达到稳定。因此，拟采用醇类调节水基环空保护液的凝点[27]。

以乙二醇为例，在 0℃时水和冰的蒸气压相等(0.61kPa)。此时，水、固相水、水蒸气三相达到平衡，0℃即为水的凝固点。由于水溶液中加入了乙二醇，体系的蒸气压下降，固相水的蒸气压曲线没有变化，造成溶液的蒸气压降低。此时，固态水与溶液不能共存。如果在溶液中存在固相水，固相水就会开始融化。所以只有在更低的温度下才能使溶液的蒸气压与固相水的蒸气压相等。这就导致溶液的凝固点较水凝固点下降。

常用的降凝剂有乙醇、乙二醇和甘油。表 2-15 为添加不同体积分数的降凝剂后腐蚀溶液的冷凝点。结果表明，甘油的防冻效果比其他降凝剂好。但甘油黏度较高，不利于活性添加剂在溶质中的分散。乙醇闪点低，不利于施工安全。因此，选择乙二醇作为首选降凝剂[28]。

表 2-15 加入不同体积分数的降凝剂后腐蚀溶液的冷凝点

降凝剂	体积分数/%	凝固点/℃
乙醇	10	-5
	20	-12
乙二醇	20	-13
	30	-17
	40	-22
甘油	20	-12
	30	-29
	40	-33
空白	—	-3

5. 密度调节剂筛选

水基环空保护液的密度范围为 1.0～1.2g/cm³。因此，需要用加重剂调节环空保护液的密度。油气田中常见的加重剂是甲酸盐、有机磷酸盐、无机磷酸盐、NaCl/KCl、重晶石以及 $CaCO_3/CaCl_2$。由于环空注入水中的细菌、有机磷酸盐和无机磷酸盐的积累可能导致水体富营养化，这可能会加剧细菌繁殖和结垢的问题。NaCl/KCl 通常用于钻井液和完井液设计。但是，氯离子的引入促进了碳钢的点蚀。重晶石密度调节范围较广，但与水基环空保护液体系兼容性较差，容易诱发垢下腐蚀。通过综合考虑，使用甲酸钠调节水基环空保护液的密度清洁环保，与水基体系兼容性良好，难以产生结垢问题，并且具有一定的 pH[29]。

2.6.4　添加剂的协同性实验

地层环境的复杂性通常要求环空保护液具有多种功能，尤其是水基环空保护液。在保证缓蚀效果的前提下，将多种有效添加剂一起加入体系，对不同有效添加剂的相容性和配伍性提出了更高的要求。因此，有必要评估添加剂之间的协同作用。

1. 相容性实验

鉴于缓蚀性能是环空保护液最重要的评估指标，因此围绕所选缓蚀剂进行了添加剂的相容性实验。表 2-16 展示了各种添加剂与环空注入水的相容性测试，在第 5 组中观察到了沉淀，因此第 6~8 组用于进行添加剂的协同评估实验。

表 2-16　缓蚀剂、除氧剂和杀菌剂的协同性实验

组号	缓蚀剂	除氧剂	杀菌剂	现象（30min，60℃）	评价结果
1	XCN20	无水亚硫酸钠	—	溶液呈均相	良好
2	XCN20	D-异抗坏血酸钠	—	溶液呈均相	良好
3	XCN20	—	CT4-42	溶液呈均相	良好
4	XCN20	—	CT4-45	溶液呈均相	良好
5	XCN20	D-异抗坏血酸钠	CT4-45	溶液呈均相，微浊	一般
6	XCN20	D-异抗坏血酸钠	CT4-42	溶液呈均相	良好
7	XCN20	无水亚硫酸钠	CT4-45	溶液呈均相	良好
8	XCN20	无水亚硫酸钠	CT4-42	溶液呈均相	良好

2. 协同性评估实验

根据配伍实验结果，进行了第 6 组和第 7 组在 CO_2 饱和模拟溶液中的协同评价实验。此外，为了考察杀菌剂、抑制剂与除氧剂的协同作用，分别在饱和 CO_2 模拟溶液中对除氧剂进行了实验。

1）除氧性能实验

为了比较其他添加剂对除氧性能的影响，测试以下四组溶液的除氧性能。第一组：无水亚硫酸钠（3g/L）；第二组：XCN20（200mg/L）+CT4-45（1g/L）+无水亚硫酸钠（3g/L）；第 3 组：右旋异丙酸钠（3g/L）；第 4 组：XCN20（200mg/L）+CT4-42（1g/L）+D-异抗坏血酸钠（3g/L）。如图 2-21 所示，不同组的除氧效果都很好，各组的溶解氧可控制在 1mg/L 以

下，各组的除氧速率均在 90%以上，说明缓蚀剂、杀菌剂和除氧剂的协同作用较好。

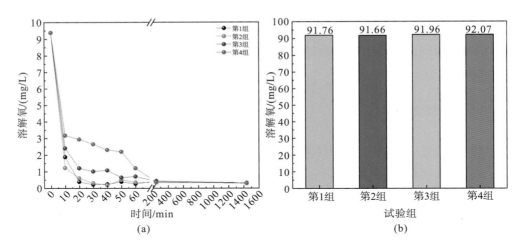

图 2-21　各组溶解氧及除氧速率测定结果

2) 缓蚀率实验

根据相容性实验结果，对配方 1［XCN20（200mg/L）+CT4-45（1g/L）+无水亚硫酸钠（3g/L）+模拟水］、配方 2［XCN20（200mg/L）+CT4-42（1g/L）+D-异抗坏血酸钠（3g/L）］和配方 3［XCN20（200mg/L）+CT4-42（1g/L）+D-异抗坏血酸钠（3g/L）+甲酸钠（100g）+乙二醇］进行缓蚀率评价。

（1）配方 1：XCN20（200mg/L）+CT4-45（1g/L）+无水亚硫酸钠（3g/L）+模拟水。配方 1 中 N80 钢的自腐蚀电流密度如图 2-22 所示：在模拟溶液中加入缓蚀剂后，钢的自腐蚀电流密度比空白溶液明显降低，说明缓蚀剂 XCN20 对 N80 钢具有良好的缓蚀作用；在缓蚀剂中分别加入杀菌剂（CT4-45）和除氧剂（无水亚硫酸钠）后，N80 钢的自腐蚀电流密度增加；同时加入缓蚀剂、杀菌剂和除氧剂时，N80 钢的自腐蚀电流密度最高。

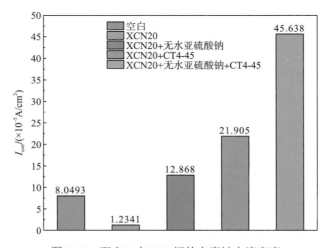

图 2-22　配方 1 中 N80 钢的自腐蚀电流密度

（2）配方 2：XCN20（200mg/L）+CT4-42（1g/L）+D-异抗坏血酸钠（3g/L）。配方 2 中 N80 钢的自腐蚀电流密度如图 2-23 所示：在模拟溶液中加入缓蚀剂（XCN20）和除氧剂（D-异抗坏血酸钠），钢的自腐蚀电流密度较缓蚀剂明显降低，说明除氧剂（D-异抗坏血酸钠）对缓蚀剂的缓蚀性能有显著影响。在缓蚀剂中加入杀菌剂后，与缓蚀剂相比，N80 钢的自腐蚀电流密度增大。同时加入缓蚀剂和除氧剂时，钢的自腐蚀电流密度最低。结果表明，配方 2 具有良好的耐蚀性。因此，根据配方 2 进一步设计了水基环空保护液的配方。

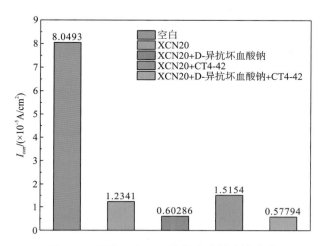

图 2-23　配方 2 中 N80 钢的自腐蚀电流密度

（3）配方 3：XCN20（200mg/L）+CT4-42（1g/L）+D-异抗坏血酸钠（3g/L）+甲酸钠（100g）+乙二醇。N80 钢在配方 3 中的自腐蚀电流密度如图 2-24 所示：第 2 组中加入甲酸钠（100g）后，N80 钢的自腐蚀电流密度明显降低，说明甲酸钠对钢的腐蚀有抑制作用。由于相同的离子效应，高浓度甲酸盐的加入抑制了 H^+ 浓度的增加，这是由于阻碍了 CO_2 腐蚀的阳极反应。随着乙二醇浓度的增加，系统自腐蚀电流密度逐渐增大。乙二醇具有良好的溶解有机物的能力，不利于缓蚀剂的成膜，进而削弱了缓蚀剂的保护作用。

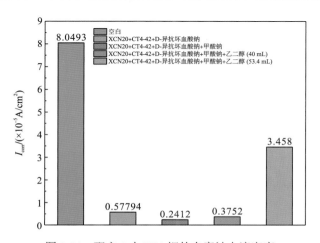

图 2-24　配方 3 中 N80 钢的自腐蚀电流密度

2.6.5　环空保护液的成分含量设计

环空保护液中各组分的含量可决定其效率，低配比往往达不到保护效果，而含量高则不利于成本控制。此外，现场不同井段的温度变化也会影响对活性添加剂的需求。因此，有必要模拟实际井眼环境来优化缓蚀剂和其他添加剂的配比。

1. 缓蚀剂的配比设计

为了模拟井筒实际环境，采用高温高压釜进行缓蚀剂配比实验。为了选择合适的缓蚀剂浓度，分别进行了高浓度和低浓度缓蚀剂的腐蚀实验。然后，对选定的缓蚀剂浓度进行了恶劣环境下的腐蚀实验。缓蚀剂配比设计实验方案见表 2-17。

表 2-17　缓蚀剂配比设计实验方案

序号	缓蚀剂浓度/(mg/L)	温度/℃	CO$_2$分压/MPa	材料	实验周期
1	800	90	10		
2	1500	90	10		
3	待定	120	20	P110 钢/N80 钢	72h
4	待定	90	20		
5	待定	60	20		

1）缓蚀剂浓度的测定

图 2-25 为 P110 钢和 N80 钢在含 800mg/L 和 1500mg/L XCN20 缓蚀剂的环空注入水中的腐蚀速率。如图 2-25(a)所示，与未加缓蚀剂相比，P110 钢和 N80 钢在超临界 CO$_2$ 相中的腐蚀速率仍然很高。与未加缓蚀剂相比，P110 钢和 N80 钢在超临界 CO$_2$ 饱和水相中的腐蚀速率虽有所降低，但仍不能满足油气田(0.076mm/a)的腐蚀控制要求。当缓蚀剂浓度增加到 1500mg/L 时，P110 钢和 N80 钢的腐蚀速率明显降低，因此采用 1500mg/L XCN20 缓蚀剂进行适应性实验。

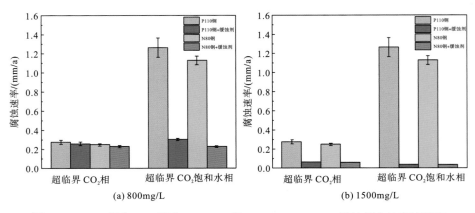

图 2-25　P110 钢和 N80 钢在 800mg/L 和 1500mg/L XCN20 缓蚀剂中的腐蚀速率

2) 缓蚀剂适用性实验

图 2-26 为 P110 钢和 N80 钢在不同温度下的腐蚀速率。与未加缓蚀剂相比，P110 钢和 N80 钢在超临界 CO_2 相中的腐蚀速率有所降低，满足油气田要求（0.076mm/a）。在超临界 CO_2 饱和水相中加入缓蚀剂后，P110 钢和 N80 钢的腐蚀速率明显降低，说明液体环境中缓蚀剂对钢的腐蚀有明显的抑制作用。

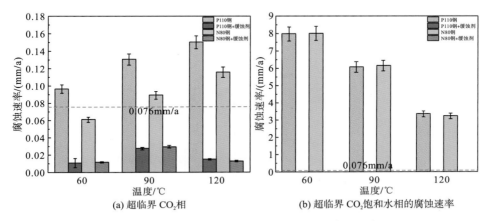

图 2-26   P110 钢和 N80 钢在不同温度下的腐蚀速率

2. 除氧剂和杀菌剂配比设计

图 2-27 为不同除氧剂浓度的环空保护液的溶解氧测定结果。结果表明，当除氧剂用量超过 2g/L 时，环空保护液的溶解氧含量控制在 0.3mg/L 以内。表 2-18 为不同剂量 CT4-42 水基环空保护液的杀菌性能，CT4-42 杀菌剂在水基环空保护液中的最低用量为 175mg/L。

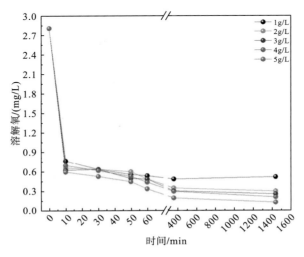

图 2-27   不同除氧剂浓度的环空保护液溶解氧测定

表 2-18 不同剂量 CT4-42 水基环空保护液的杀菌性能

序号	剂量/(mg/L)	腐生细菌/(CFU/mL)	硫酸盐还原菌/(CFU/mL)	铁细菌/(CFU/mL)
1	0	2.5×10^3	0.6×10^4	2.5×10^3
2	125	2.5	0.6×10^2	5.0×10^2
3	150	0	2.0×10	2.5×10
4	175	0	0	0

3. 冰点和密度设计

图 2-28 为不同乙二醇体积分数的水基环空保护液的冰点。由图 2-28 可知,综合考虑到降凝剂的效果和成本,选择了体积分数为 20%的乙二醇作为降凝剂。

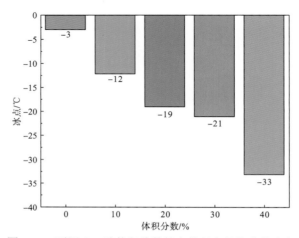

图 2-28 不同乙二醇体积分数的水基环空保护液的冰点

图 2-29 为不同用量甲酸钠水基环空保护液的密度。如图 2-29 所示,甲酸钠的加入量应控制在 0~150g/L,以满足水基环空保护液的要求。

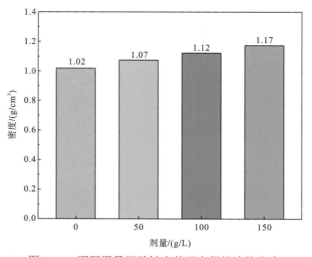

图 2-29 不同用量甲酸钠水基环空保护液的密度

2.6.6　水基环空保护液的理化性能实验

水基环空保护液的理化性质见表 2-19。根据前文环空保护液配方设计实验，确定了 CO_2 驱注水井水基环空保护液的组成。环空保护液的组成包括 XCN20 缓蚀剂（1500mg/L）、CT4-42 杀菌剂（1g/L）、D-异抗坏血酸钠除氧剂（3g/L）、甲酸钠（100g/L）、乙二醇 20%。

表 2-19　水基环空保护液的理化性质

水基环空保护液的成分用量					密度 /(g/cm³)	冰点 /℃	pH
XCN20/(mg/L)	CT4-42/(g/L)	D-异抗坏血酸钠/(g/L)	甲酸钠/(g/L)	乙二醇/%			
1500	1	3	0	0	1.01	−2	7.75
1500	1	3	0	10	1.04	−10	7.76
1500	1	3	0	20	1.05	−18	7.78
1500	1	3	100	0	1.08	−3	7.90
1500	1	3	100	10	1.09	−10	7.97
1500	1	3	100	20	1.12	−19	8.05
1500	1	3	200	0	1.13	−3	8.10
1500	1	3	200	10	1.15	−11	8.17
1500	1	3	200	20	1.17	−20	8.24

1. 水基环空保护液的腐蚀实验

采用高温高压釜对环空保护液进行了腐蚀实验，实验方法与缓蚀剂浓度设计方法一致。实验参数设定为：实验温度 120℃，CO_2 分压 20Mpa，实验周期 168h，腐蚀性溶液选用环空注入水。

图 2-30 为 P110 钢和 N80 钢在加入水基环空保护液或缓蚀剂的溶液中的腐蚀速率。加入缓蚀剂或水基环空保护液后，P110 钢和 N80 钢在超临界 CO_2 饱和水相和超临界 CO_2

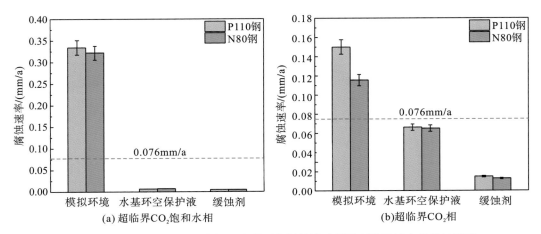

图 2-30　P110 钢和 N80 钢在加入水基环空保护液或缓蚀剂的溶液中的腐蚀速率

相中的腐蚀速率均小于 0.076mm/a。值得注意的是，钢在水基环空保护液中的腐蚀速率超过了在缓蚀剂中的腐蚀速率，主要是因为乙二醇的加入影响了缓蚀剂的成膜。

图 2-31 为在水基环空保护液中 P110 钢和 N80 钢的微观形貌图。如图 2-31（a）和图 2-31（b）所示，样品表面无明显腐蚀产物堆积，且存在明显可见的加工划痕。与超临界 CO_2 饱和水相相比，钢在超临界 CO_2 相表面的腐蚀产物非常少。

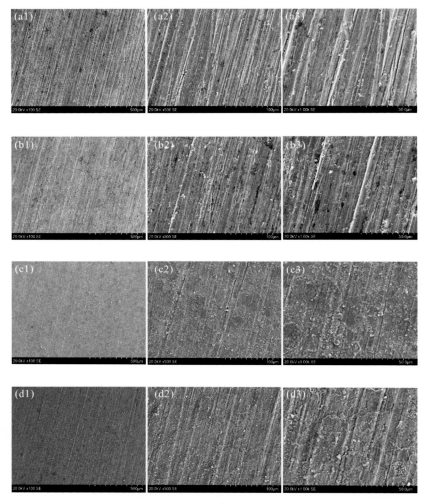

图 2-31　P110 钢（a1~a3，c1~c3）和 N80 钢（b1~b3，d1~d3）在添加水基环空保护液的
腐蚀溶液中腐蚀的微观形貌
注：a1~a3、b1~b3：超临界 CO_2 饱和水相；c1~c3、d1~d3：超临界 CO_2 相。

通常，超临界 CO_2 饱和水相和超临界 CO_2 相的腐蚀过程的主要区别是环境中的含水量，它也直接影响钢的腐蚀过程。超临界 CO_2 饱和水相含水量充足，容易造成金属严重的均匀腐蚀［图 2-32（a）］。然而，饱和水蒸气在超临界 CO_2 相中吸附在试样表面形成水膜，腐蚀性离子腐蚀金属［图 2-32（b）、图 2-32（c）］。水基环空保护液中挥发的乙二醇凝结在金属表面。由于乙二醇的强吸水性，超临界 CO_2 相中的样品吸收了更多的水膜，导致腐蚀更加严重[图 2-32(d)]。

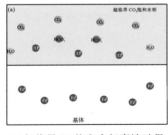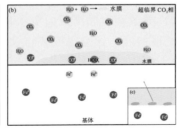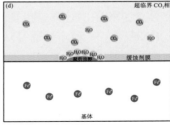

(a)超临界CO_2饱和水相腐蚀过程　(b)(c)超临界CO_2相腐蚀过程　(d)超临界CO_2相缓蚀剂冷凝醇腐蚀过程

图 2-32　钢在 CO_2 环境中的腐蚀机理

2. 水基环空保护液的耐热实验

对高温高压釜进行腐蚀实验后的水基环空保护液进行除氧、杀菌、冰点和密度检测，结果见表 2-20～表 2-22。120℃实验后的水基环空保护液仍具有良好的除氧杀菌性能。此外，水基环空保护液的冰点和密度保持不变，表明水基环空保护液在 120℃下具有良好的耐热性。

表 2-20　水基环空保护液腐蚀后的除氧性能

项目	时间						
	0min	10min	30min	50min	60min	6h	24h
除氧性能/(mg/L)	0.13	0.12	0.12	0.11	0.11	0.11	0.12

表 2-21　水基环空保护液腐蚀后的杀菌性能

项目	腐生细菌	硫酸盐还原菌	铁细菌
杀菌性能/(CFU/mL)	0	0	0

表 2-22　腐蚀实验后水基环空保护液的冰点和密度

项目	腐蚀实验前	腐蚀实验后
冰点/℃	−19	−17
密度/(g/cm³)	1.12	1.11

2.7　小　结

(1)P110 钢在超临界 CO_2 饱和水相中的腐蚀速率基本超过油气田腐蚀控制指数(0.076mm/a)，而在超临界 CO_2 相中的腐蚀速率相对较小。随着温度的升高，P110 钢的腐蚀速率先加快后减慢。在超临界 CO_2 相，P110 钢的腐蚀速率先增大后减小。P110 钢超临界 CO_2 相中发生了严重的点蚀，而超临界 CO_2 饱和水相发生了严重的均匀腐蚀。

（2）套管在超临界 CO_2 相的腐蚀与水膜的吸附能力有关。随着温度的升高，水分子在超临界 CO_2 相中的迁移速度加快，导致钢表面形成大量水膜。

（3）研制了一种新型油基环空保护液。环空保护液的成分为白油和 1000mg/L 咪唑啉抑制剂。油基环空保护液闪点大于 160℃，凝固点为-23℃，密度为 0.85g/cm³。P110 钢在含油基环空保护液的超临界 CO_2 相中的缓蚀率大于 80%，在超临界 CO_2 饱和水相中的缓蚀率大于 95%。

（4）水基环空保护液的成分为 XCN20 缓蚀剂(1500mg/L)、CT4-42 杀菌剂(1g/L)、D-异抗坏血酸钠(3g/L)、甲酸钠(100g/L)、乙二醇 20%。水基环空保护液的密度为 1.01～1.17g/cm³，凝固点为-20～-2℃。通过使用水基环空保护液，将注入水中的溶解氧含量控制在 0.3mg/L 以内。水基环空保护液在水相中的腐蚀抑制率大于 98%，钢在气相中的腐蚀速率低于油气田的腐蚀控制指数(0.076mm/a)。

参 考 文 献

[1] Choi Y S，Hassani S，Thanh V U，et al. Strategies for corrosion inhibition of carbon steel pipelines under supercritical CO_2/H_2S environments[J]. Corrosion，2019，75(10)：1156-1172.

[2] Dong B J，Zeng D Z，Yu Z M，et al. Major corrosion influence factors analysis in the production well of CO_2 flooding and the optimization of relative anti-corrosion measures[J]. Journal of Petroleum Science and Engineering，2021，200：108052.

[3] 孙宜成，陆凯，曾德智，等. 抗 CO_2 腐蚀环保型油基环空保护液研究[J].钻采工艺，2018，41(6)：90-93.

[4] Zhang Z，Li J，Zheng Y S，et al. Finite service life evaluation method of production casing for sour-gas wells[J]. Journal of Petroleum Science and Engineering，2018，165：171-180.

[5] Elgaddafi R，Ahmed R，Osisanya S. Modeling and experimental study on the effects of temperature on the corrosion of API carbon steel in CO_2-Saturated environment[J]. Journal of Petroleum Science and Engineering，2021，196：107816.

[6] 全国石油产品和润滑剂标准化技术委员会.石油产品凝点测定法：GB/T 510—2018[S].北京：中国标准出版社，2018.

[7] 全国石油产品和润滑剂标准化技术委员会.液体石油化工产品密度测定法：GB/T 2013—2010[S].北京：中国标准出版社，2010.

[8] 全国石油产品和润滑剂标准化技术委员会.石油产品 闪点和燃点的测定克利夫兰开口杯法：GB/T 3536—2008[S].北京：中国标准出版社，2008.

[9] 董宝军，曾德智，石善志，等.辅助蒸汽驱油环境中 CO_2 分压对 N80 钢腐蚀行为的影响[J].机械工程材料，2019，43(1)：19-22，26.

[10] Hua Y，Mohammed S，Barker R，et al. Comparisons of corrosion behaviour for X65 and low Cr steels in high pressure CO_2-saturated brine[J]. Journal of Materials Science & Technology，2020，41：21-32.

[11] Hua Y，Xu S S，Wang Y，et al. The formation of $FeCO_3$ and Fe_3O_4 on carbon steel and their protective capabilities against CO_2 corrosion at elevated temperature and pressure[J]. Corrosion Science，2019，157：392-405.

[12] Li J K，Sun C，Shuang S，et al. Investigation on the flow-induced corrosion and degradation behavior of underground J55 pipe in a water production well in the Athabasca oil sands reservoir[J]. Journal of Petroleum Science and Engineering，2019，

　　　182：106325.

[13] 王世杰，张育增，闫明印，等. 原油介质中 FKM/NBR 混炼胶磨损行为研究[J]. 润滑与密封，2014，39(1)：51-54.

[14] Sun C，Sun J B，Luo J L. Unlocking the impurity-induced pipeline corrosion based on phase behavior of impure CO_2 streams[J]. Corrosion Science，2020，165：108367.

[15] Sun J L，Cheng Y F. Modeling of mechano-electrochemical interaction between circumferentially aligned corrosion defects on pipeline under axial tensile stresses[J]. Journal of Petroleum Science and Engineering，2021，198：108160.

[16] 采油采气专业标准化委员会. 油田采出水处理用缓蚀剂性能指标及评价方法：SY/T 5273—2014[S]. 北京：石油工业出版社，2014.

[17] 李小龙，李学胜，刘志刚，等. 不同 CO_2 分压下油田产出液温度对 N80 钢油管腐蚀的影响[J]. 材料保护，2013，46(10)：60-62.

[18] Xiang Y，Song C C，Li C，et al. Characterization of 13Cr steel corrosion in simulated EOR-CCUS environment with flue gas impurities[J]. Process Safety and Environmental Protection，2020，140：124-136.

[19] Xu L N，Xu X Q，Yin C X，et al. CO_2 corrosion behavior of 1% Cr–13% Cr steel in relation to Cr content changes[J]. Materials Research Express，2019，6(9)：096512.

[20] 胡永乐，郝明强，陈国利，等. 中国 CO_2 驱油与埋存技术及实践[J]. 石油勘探与开发，2019，46(4)：716-727.

[21] Zeng D Z，Dong B J，Qi Y D，et al. On how CO_2 partial pressure on corrosion of HNBR rubber O-ring in CO_2–H_2S–CH_4 environment[J]. International Journal of Hydrogen Energy，2021，46(11)：8300-8316.

[22] Zeng D Z，Dong B J，Zeng F，et al. Analysis of corrosion failure and materials selection for CO_2-H_2S gas well[J]. Journal of Natural Gas Science and Engineering，2021，86：103734.

[23] Zeng D Z，Yu Z M，Dong B J，et al. Investigation of service life and corrosion mechanism of tubing in production well on polymer flooding[J]. Corrosion Engineering，Science and Technology，2020，55(8)：634-644.

[24] Zhang H H，Gao K W，Yan L C，et al. Inhibition of the orrosion of X70 and Q235 steel in CO_2-saturated brine by imidazoline-based inhibitor[J]. Journal of Electroanalytical Chemistry，2017，791：83-94.

[25] Cui G D，Pei S F，Rui Z H，et al. Whole process analysis of geothermal exploitation and power generation from a depleted high-temperature gas reservoir by recycling CO_2[J]. Energy，2021，217：119340.

[26] 杨亮，刘钟馨，周琼，等. 纯钛表面纳米多孔 TiO_2 膜的孔径分布研究[J]. 电子显微学报，2012，31(1)：41-46.

[27] Choi Y S，Nesic S，Young D. Effect of impurities on the corrosion behavior of CO_2 transmission pipeline steel in supercritical CO_2–water environments[J]. Environmental Science & Technology，2010，44(23)：9233-9238.

[28] Dong B J，Zeng D Z，Yu Z M，et al. Corrosion mechanism and applicability assessment of N80 and 9Cr steels in CO_2 auxiliary steam drive[J]. Journal of Materials Engineering and Performance，2019，28(2)：1030-1039.

[29] 王昭，孙虎元，孙立娟，等. EH36 钢在黄海的初期腐蚀速率的空间变异特征的地统计分析[J]. 海洋科学，2020，44(1)：67-74.

第3章 稠油油藏 CO_2 辅助蒸汽驱注气井腐蚀行为和防腐措施

CO_2 辅助蒸汽驱是近年来提高稠油油藏采收率的一项新技术，具有良好的应用前景[1,2]。然而，CO_2 辅助蒸汽驱还存在着许多有待解决的问题[3]。其中，最重要的是注气井的腐蚀和成本问题。CO_2 辅助蒸汽驱是通过注气井向稠油油层注入蒸汽与少量 CO_2 以降低稠油黏度的开采方式。注入蒸汽过程中，注气井井筒的温度（160～220℃）较高，而随后注入的 CO_2 会冷却井筒，使井筒内壁上产生水膜。CO_2 溶于水后会形成碳酸，碳酸会显著增大碳钢的腐蚀速率，使碳钢发生甜腐蚀[4-6]。

常用油套管钢在含 CO_2 环境中的耐腐蚀性能已被广泛研究[7-10]。然而，对于 CO_2 辅助蒸汽驱，注入蒸汽的温度为 160～220℃，注气压力为 1～5MPa。在高温蒸汽环境中油套管钢的腐蚀行为还鲜有报道。另外，由于近年来原油价格低迷，稠油开采也面临诸多压力，如何降低成本是稠油开采的首要目标。稠油油藏开采的过程中，油套管的费用占据主要成本。依据中海油与日本住友集团的油气井选材图版，当井筒温度超过 180℃时，油气井应考虑使用高含 Cr 钢（22Cr 钢和 25Cr 钢）。目前，室内研究含 Cr 钢的 CO_2 腐蚀问题，通常只考虑用水相体系来模拟现场的腐蚀环境，很少考虑蒸汽对腐蚀的影响。然而，注气过程中往往是蒸汽和 CO_2 的混合介质，蒸汽是影响系统腐蚀行为的重要因素之一。因此，若采用已有图版中的推荐管材，往往会过高地估计腐蚀危害程度，导致不必要的经济投入。常用的油套管钢远比推荐钢材便宜，但是常用的油套管钢在注气井中的适用性还需要进一步探索。

因此，本章旨在研究高温高压蒸汽环境中的常用油套管钢的腐蚀行为，采用高温高压釜，开展常用油套管钢在模拟 CO_2 辅助蒸汽驱注气环境中的腐蚀行为，提供了在高温蒸汽环境下的 CO_2 腐蚀机理，并为 CO_2 辅助蒸汽驱注气井的选材提供依据。

3.1 注气井腐蚀的实验方法

N80 钢和 3Cr 钢是常用的井下油套管钢。由于高温蒸汽环境中腐蚀条件恶劣，因此还考虑了耐蚀性能更好的 9Cr 钢和 13Cr 钢作为实验研究对象。试样钢的化学成分如表 3-1 所示。实验所用到的药品主要有无水乙醇、石油醚、NaCl 等溶液。

表 3-1　材质的化学成分（%）

钢材	C	Si	Mn	P	S	Cr	Mo	Ni	Nb	Ti	O	Fe
N80 钢	0.24	0.22	1.19	0.013	0.004	0.036	0.021	0.028	—	—	—	余量
3Cr 钢	0.05	0.20	0.50	<0.012	<0.006	3.00	0.2	—	0.04	0.02	<0.02	余量
9Cr 钢	0.10	0.12	0.46	—	—	9.30	—	—	—	0.06	—	余量
13Cr 钢	0.22	1	1	0.02	0.01	13	—	0.5	—	—	—	余量

静态腐蚀实验采用美国帕尔（PARR）公司生产的 4584 型高温高压釜。该高温高压釜的最高密封压力为 20MPa，最高工作温度为 500℃，釜体容积为 5L。动态腐蚀实验采用西南石油大学自主设计制造的 C276 动态高温高压循环流动腐蚀实验釜。该动态高温高压循环流动腐蚀实验釜的最高密封工作压力为 70MPa，最高工作温度为 200℃，釜体容积为 8L，可模拟的最高流速超过 8m/s。

利用 ZEISS EVO MA15 型扫描电子显微镜观察试样的腐蚀形貌，并利用附带的电子能谱仪分析腐蚀产物元素含量。利用 X Pert Pro MPD 型 X 衍射仪和 Phi-Quantera Ⅱ型 X 射线光电子能谱分析仪分析腐蚀产物成分。

CO_2 辅助蒸汽驱注气井注气温度为 160～220℃，CO_2 分压为 1～4MPa，流速为 3～6m/s，Cl^- 浓度为 1000～3000mg/L。根据注气井井筒工况，确定实验方案如表 3-2 所示。

表 3-2　实验方案

影响因素	温度/℃	CO_2 分压/MPa	流速/(m/s)	Cl^- 浓度/(mg/L)	釜内介质	实验周期/h
温度	160	2	静态	0	CO_2+去离子水	72
	180	2	静态	0	CO_2+去离子水	72
	200	2	静态	0	CO_2+去离子水	72
	220	2	静态	0	CO_2+去离子水	72
CO_2 分压	160	1	静态	0	CO_2+去离子水	72
	160	3	静态	0	CO_2+去离子水	72
	160	4	静态	0	CO_2+去离子水	72
流速	160	2	3	0	CO_2+去离子水	72
	160	2	4.5	0	CO_2+去离子水	72
	160	2	6	0	CO_2+去离子水	72
Cl^- 浓度	160	2	静态	1000	CO_2+地层水	72
	160	2	静态	2000	CO_2+地层水	72
	160	2	静态	3000	CO_2+地层水	72

依据《钢制品化学分析的试验方法、准则和术语》（ASTM A751—2014），试样的加工尺寸为 30mm×15mm×3mm。每组实验条件下，每一种材质分别取 4 件平行试样，其中

3 个为腐蚀称重试样，1 个为表面形貌分析。腐蚀试件先后用 240#、400#、600#、800#、1200#砂纸逐级打磨以消除机械加工的痕迹。将试样清洗，冷风吹干，置于干燥皿中干燥，除去试样残留的水蒸气。干燥 2h 后取出试样称重，并系挂于试片架上，准备实验。

　　静态腐蚀实验方法：实验前，将去离子水预先用高纯氮气除氧 8h，将除氧后的去离子水（60mL）加入釜内；将每一组平行试样系挂在试样架上，确保试样处于蒸汽环境中，试样系挂完毕后关釜密封；将釜密封后，向高温高压釜内以低流量持续通入高纯氮气除氧 30min；除氧后，将釜内温度升至实验温度；待釜内温度达到实验温度后，向釜内通入 CO$_2$ 气体，实验周期为 72h。

　　动态腐蚀实验方法：实验前充分清洗高温高压釜；清洗完毕后，利用氮气对循环流道交替除氧，将循环流道内的氧气充分去除；除氧后，将装有待测试样的绝缘夹具分别放入循环流道内，再利用氮气对循环流道除氧，除氧后安装循环流道端盖；将去离子水（60mL）加入釜内，关釜密封。将釜密封后，向高温高压釜内以低流量持续通入高纯氮气除氧 30min；除氧后，将釜内温度升至实验温度；待釜内温度达到实验温度后，向釜内通入 CO$_2$ 气体，实验周期为 72h；开启搅拌系统，采集实验数据，实验周期为 72h。

　　实验结束后，将每组的四个平行试样取出，其中，三个试样用去膜液 [0.1L 盐酸（1.19g/cm^3），1L 蒸馏水和 10g 六甲基四胺]清洗去除腐蚀产物膜，经过自来水冲洗后放入饱和碳酸氢钠溶液中浸泡 2～3min 进行中和处理，再用无水乙醇脱水 3～5min。最后将试样吹干后放入干燥器中干燥 24h 后称重。另外一个用于观测腐蚀产物膜形貌、分析成分。

　　实验前和实验后，用精度为 1mg 的电子天平称量试片质量并记录，腐蚀速率依据式（3-1）计算：

$$v = 87600 \frac{\Delta m}{\rho A \Delta t} \tag{3-1}$$

式中，v 为腐蚀速率，mm/a；Δm 为腐蚀实验前后试样的质量之差，g；ρ 为试样密度，g/cm^3；A 为试样表面积，cm^2；Δt 为腐蚀时间，h。

3.2　注气井油套管的腐蚀行为

3.2.1　温度对油套管腐蚀行为的影响

1. 温度对低碳合金钢腐蚀的影响

　　图 3-1 是 N80 钢在 CO$_2$ 分压为 2MPa、温度为 160～220℃条件下的腐蚀速率。由图 3-1 可知，N80 钢的腐蚀速率为 0.0283～0.0737mm/a。N80 钢的腐蚀速率小于油田的腐蚀控制指标 0.076mm/a；随着温度的升高，N80 钢的腐蚀速率先减小后增大。依据美国腐蚀工程师国际协会（National Association of Corrosion Engineer，NACE）RP0775-91 标准（表 3-1），该实验条件下，N80 钢属于中度腐蚀。

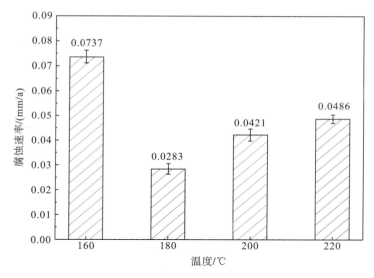

图 3-1　N80 钢在不同温度下的腐蚀速率

　　图 3-2 是 N80 钢在不同温度下的腐蚀形貌(×100 倍)。由图 3-2(a)可知，N80 钢表面有明显的腐蚀颗粒堆积。由图 3-2(b)和图 3-2(c)可知，N80 钢的腐蚀产物呈圆环状堆积。由图 3-2(d)可知，N80 钢的腐蚀产物呈圆形堆积，且部分腐蚀产物零星地散落于金属基体。

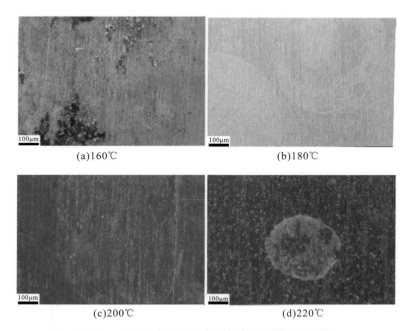

图 3-2　N80 钢在不同温度下的腐蚀形貌(×100 倍)

　　图 3-3 是 N80 钢在不同温度下的腐蚀形貌(×10000 倍)。图 3-4 是 N80 钢在温度为 160℃、CO_2 分压为 2MPa 时的能量色散 X 射线谱(X-ray energy dispersive spectrum，

EDS)能谱。由图 3-3(a)可知，晶体呈立方体状，且晶体间存在孔隙。结合晶体的形状特征、EDS 和后文中的 XRD 及 X 射线光电子能谱学(X-ray photoelectron spectroscopy, XPS)结果分析可知，该晶体是 FeCO$_3$。FeCO$_3$ 晶体的尺寸为 1.5～2μm。由图 3-3(b)可知，FeCO$_3$ 晶体未完全覆盖金属基体。由图 3-3(c)可知，FeCO$_3$ 晶体的尺寸为 0.5～1μm，紧密地覆盖在金属基体表面。由图 3-3(d)可知，部分 FeCO$_3$ 晶体融合成片状。由图 3-3 可知，随着温度的升高，FeCO$_3$ 晶体的数量增多。由图 3-4 可知，腐蚀产物的主要元素为 Fe、C 和 O。

图 3-3　N80 钢在不同温度下的腐蚀形貌(×10000 倍)

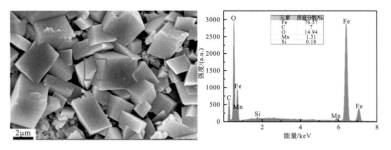

图 3-4　N80 钢在温度为 160℃、CO$_2$ 分压为 2MPa 时的 EDS 能谱

图 3-5 为 3Cr 钢在 CO$_2$ 分压为 2MPa、温度为 160～220℃条件下的腐蚀速率。由图 3-5 可以看出，3Cr 钢的腐蚀速率为 0.0198～0.0488mm/a，3Cr 钢的腐蚀速率均小于油田腐蚀控制指标 0.076mm/a；随着温度的升高，3Cr 钢的腐蚀速率先减小后增大；3Cr 钢的腐蚀速率在 180℃时达到最小值，在 160℃时达到最大值。依据 NACE RP0775-91 标准(表 3-1)，180℃时，3Cr 钢属于轻度腐蚀；其他条件下，3Cr 钢属于中度腐蚀。

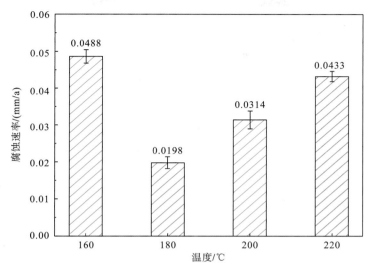

图 3-5　3Cr 钢在不同温度下的腐蚀速率

图 3-6 是 3Cr 钢在不同温度下的腐蚀形貌(×100 倍)。由图 3-6(a)可知，3Cr 钢表面存在较多的腐蚀产物堆积。由图 3-6(b)可知，3Cr 钢的表面存在明显的腐蚀颗粒堆积。由图 3-6(c)可知，3Cr 钢表面零散地分布着许多腐蚀产物。由图 3-6(d)可知，3Cr 钢的腐蚀产物呈圆环状堆积。

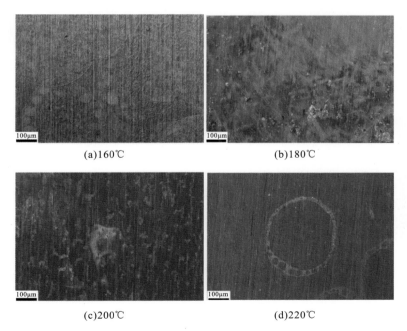

图 3-6　3Cr 钢在不同温度下的腐蚀形貌(×100 倍)

图 3-7 是 3Cr 钢在不同温度下的腐蚀形貌(×10000 倍)。图 3-8 是 3Cr 钢在 CO_2 分压为 2MPa、温度为 200℃时的 EDS 能谱。由图 3-7(a)可知，立方体状的腐蚀产物晶间裸露

金属基体，结合晶体形状特征、EDS、后文的 XRD 和 XPS 结果分析可知，该立方晶体是 $FeCO_3$ 晶体。由图 3-7（b）可知，$FeCO_3$ 晶体完全覆盖于金属基体表面。图 3-7（c）可知，3Cr 钢的腐蚀产物膜中存在微裂纹，$FeCO_3$ 晶体堆积在腐蚀产物膜表面。由图 3-7（d）可知，局部区域内的腐蚀产物产生剥落。由图 3-8 可知，3Cr 钢的腐蚀产物元素为 Cr、Fe、C 和 O。

图 3-7   3Cr 钢在不同温度下的腐蚀形貌（×10000 倍）

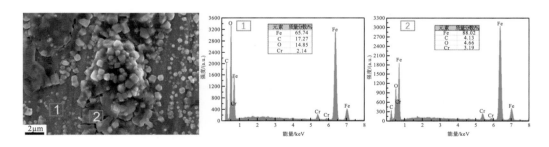

图 3-8   3Cr 钢在 CO_2 分压为 2MPa、温度为 200℃时的 EDS 能谱

2. 温度对不锈钢腐蚀的影响

图 3-9 为 9Cr 钢在 CO_2 分压为 2MPa、温度为 160～220℃条件下的腐蚀速率。由图 3-9 可知，9Cr 钢的腐蚀速率为 0.0101～0.0387mm/a，9Cr 钢的腐蚀速率远小于油气田腐蚀控制指标（0.076mm/a）；随着温度的升高，9Cr 钢的腐蚀速率先减小后增大。依据 NACE RP0775-91 标准，该实验条件下，9Cr 钢属于中度腐蚀。

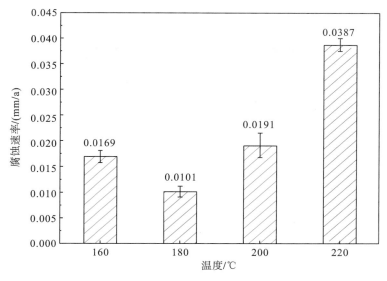

图 3-9　9Cr 钢在不同温度下的腐蚀速率

图 3-10 是 9Cr 钢在不同温度下的腐蚀形貌（×100 倍）。由图 3-10 可知，9Cr 钢的腐蚀产物呈圆环状。220℃时，9Cr 钢的表面存在腐蚀颗粒。

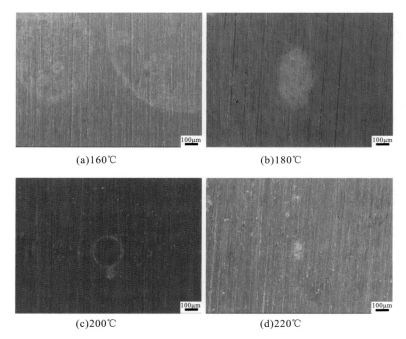

(a)160℃　　　　　　　　　　(b)180℃

(c)200℃　　　　　　　　　　(d)220℃

图 3-10　9Cr 钢在不同温度下的腐蚀形貌（×100 倍）

图 3-11 是 9Cr 钢在不同温度下的腐蚀形貌（×10000 倍）和 EDS 能谱。由图 3-11（a）可知，圆形腐蚀晶体零散分布于基体。由图 3-11（b）可知，金属基体表面散落立方体状的腐

蚀颗粒，由晶体形状特征、EDS 和后文中的 XPS 结果分析可知，该腐蚀产物是 FeCO$_3$ 晶体。由图 3-11(c)可知，9Cr 钢的腐蚀产物晶体呈棒状结构，腐蚀产物晶体间裸露基体。由图 3-11(d)可知，9Cr 钢的腐蚀产物晶体产生融合，腐蚀产物膜中存在许多孔洞。由图 3-11可知，9Cr 钢的腐蚀产物的主要元素有 Fe、C 和 O。由图 3-11 可知，9Cr 钢腐蚀产物膜中的 Cr 元素略高于基体，这表明试样的表面产生一层致密的富 Cr 层。由图 3-11 可知，9Cr 钢的腐蚀产物膜的 Cr 含量高于基体。由图 3-11 可知，9Cr 钢腐蚀晶体的 Fe+Cr 与 O 的原子比例为 1∶3，结合晶体的形状特征，推断其为 FeCO$_3$ 晶体。

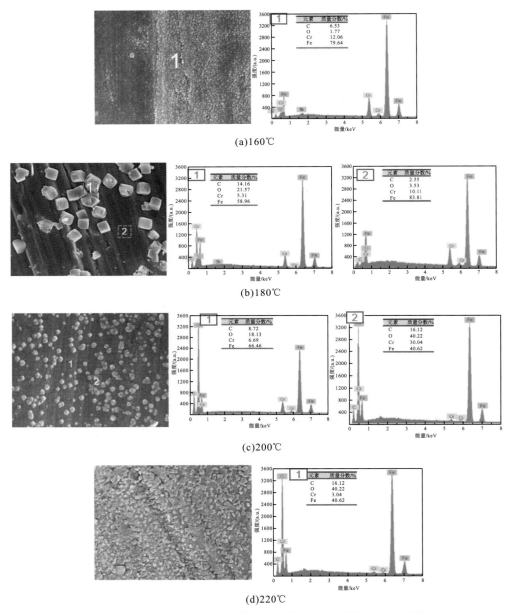

图 3-11　9Cr 钢在不同温度下的腐蚀形貌(×10000 倍)和 EDS 能谱

　　图 3-12 为 13Cr 钢在 CO_2 分压为 2MPa、温度为 160~220℃条件下的腐蚀速率。由图 3-12 可知，13Cr 钢的腐蚀速率为 0.0088~0.0380mm/a，13Cr 钢的腐蚀速率远小于油气田腐蚀控制指标(0.076mm/a)；随着温度的升高，13Cr 钢的腐蚀速率先减小后增大。依据 NACE RP0775-91 标准，该实验条件下，13Cr 钢属于轻度腐蚀。

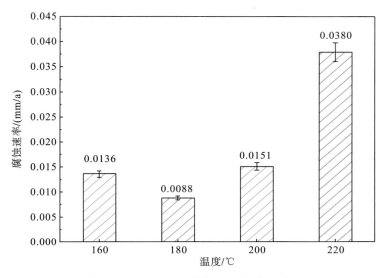

图 3-12　13Cr 钢在不同温度下的腐蚀速率

　　图 3-13 是 13Cr 钢在不同温度下的腐蚀形貌(×100 倍)。由图 3-13(a)可知，13Cr 钢的腐蚀产物呈水滴状。由图 3-13(b)可知，13Cr 钢的腐蚀产物呈圆环状。由图 3-13(c)可知，13Cr 钢表面由许多圆形腐蚀产物构成。由图 3-13(d)可知，13Cr 钢的圆形腐蚀产物内堆积了许多腐蚀颗粒。由图 3-13 可知，13Cr 钢的腐蚀产物呈圆环状堆积。随着温度的升高，13Cr 钢的腐蚀产物也越来越多。

　　图 3-14 是 13Cr 钢在不同温度下的腐蚀形貌(×100 倍)。由图 3-14(a)可知，圆形腐蚀颗粒零散分布于金属基体。由图 3-14(b)可知，紧实、致密的腐蚀产物膜完整地覆盖金属基体。由图 3-14(c)和图 3-14(d)可知，规则的立方体状的腐蚀晶体存在于在基体表面。结合 EDS 结果和后文的 XPS 分析可知，该腐蚀晶体为 $FeCO_3$ 晶体。由图 3-14(d)还可以看出，部分立方晶体发生融合。由图 3-15 可知，13Cr 钢的腐蚀产物元素为 Fe、C、O 和

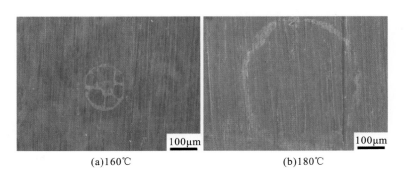

(a)160℃　　　　　　　　(b)180℃

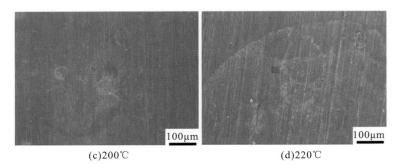

(c)200℃   (d)220℃

图 3-13   13Cr 钢在不同温度下的腐蚀形貌(×100 倍)

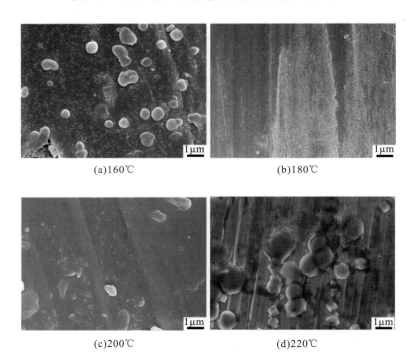

(a)160℃   (b)180℃

(c)200℃   (d)220℃

图 3-14   13Cr 钢在不同温度下的腐蚀形貌(×10000 倍)

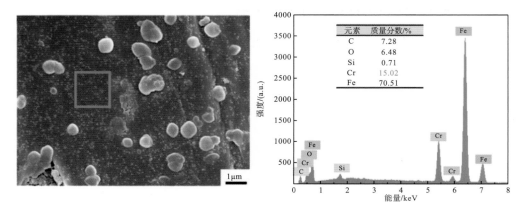

图 3-15   13Cr 钢在温度为 160℃、CO_2 分压为 2MPa 时的 EDS 能谱

Cr。13Cr 钢表面腐蚀产物中的 Cr 元素高于基体中的 Cr 含量，说明腐蚀产物中发生 Cr 富集现象。

3. 温度对油套管腐蚀速率的影响

图 3-16 是四种材质在不同温度下的腐蚀速率。由图 3-16 可知，四种材质的腐蚀速率均小于油气田控制指标 0.076mm/a，四种材质的腐蚀速率由大到小依次为 N80 钢＞3Cr 钢＞9Cr 钢＞13Cr 钢。随着温度的升高，四种材质的腐蚀速率先减小后增大。N80 钢和 3Cr 钢的腐蚀速率在 160℃时达到最大值，而 9Cr 钢和 13Cr 钢的腐蚀速率在 220℃时达到最大值。N80 钢在 160℃时腐蚀速率接近 0.076mm/a，其他条件下，四种材质的腐蚀速率均小于 0.076mm/a。

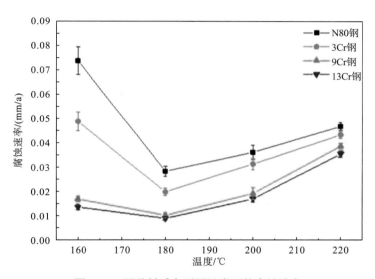

图 3-16　四种材质在不同温度下的腐蚀速率

3.2.2　CO_2 分压对油套管腐蚀行为的影响

1. CO_2 分压对低合金钢腐蚀行为的影响

图 3-17 为 N80 钢在温度为 160℃、CO_2 分压为 1～4MPa 条件下的腐蚀速率。由图 3-17 可以看出，N80 钢的腐蚀速率为 0.0347～0.0737mm/a，N80 钢的腐蚀速率均小于油气田腐蚀控制指标(0.076mm/a)；随着 CO_2 分压的升高，N80 钢的腐蚀速率先增大后减小。CO_2 分压为 2MPa 时 N80 钢的腐蚀速率达到最大值。依据 NACE RP0775-91 标准，该实验条件下，N80 钢属于中度腐蚀。

图 3-18 是 N80 钢在不同 CO_2 分压下的腐蚀形貌(×100 倍)。由图 3-18(a)可知，N80 钢表面的部分区域有明显的腐蚀产物堆积。由图 3-18(b)和图 3-18(c)可知，试片表面有明显的加工刀痕，腐蚀产物呈圆环状堆积。由图 3-18(d)可知，金属基体表面覆盖了一层较薄的腐蚀颗粒。

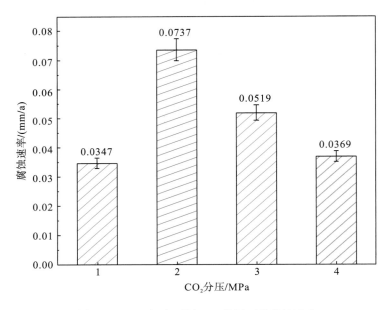

图 3-17　N80 钢在不同 CO$_2$ 分压下的腐蚀速率

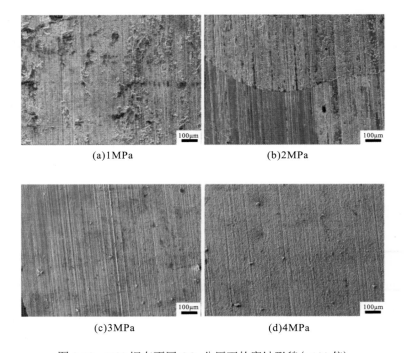

图 3-18　N80 钢在不同 CO$_2$ 分压下的腐蚀形貌（×100 倍）

　　图 3-19 是 N80 钢在不同 CO$_2$ 分压下的腐蚀形貌（×10000 倍）。图 3-20 是 N80 钢在温度为 160℃、CO$_2$ 分压为 2MPa 时的 EDS 能谱。由图 3-19（a）可知，立方体状的晶体间裸露金属基体。由晶体形状特征、EDS 结果和后文中的 XRD 及 XPS 结果分析可知，该晶体是 FeCO$_3$。由图 3-19（b）可知，FeCO$_3$ 晶体的尺寸为 1.5～2μm，晶体间存在孔隙。由

图 3-19（c）可知，$FeCO_3$ 晶体间裸露金属基体。晶体的边缘比较圆滑。由图 3-19（d）可知，部分 $FeCO_3$ 晶体融合成片状。由图 3-19（b）和图 3-19（c）可知，随着 CO_2 分压的升高，$FeCO_3$ 晶体的尺寸减小，晶体的边缘更加圆滑。由图 3-20 可知，腐蚀产物的主要元素有 Fe、C 和 O。

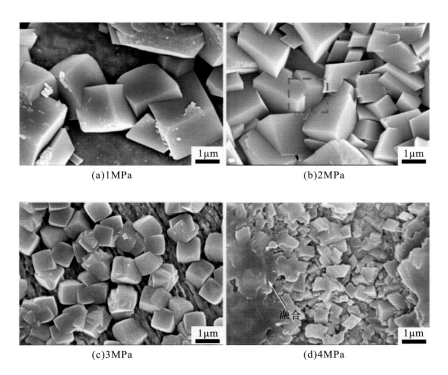

(a)1MPa　　　　　　　　　　　　(b)2MPa

(c)3MPa　　　　　　　　　　　　(d)4MPa

图 3-19　N80 钢在不同 CO_2 分压下的腐蚀形貌（×10000 倍）

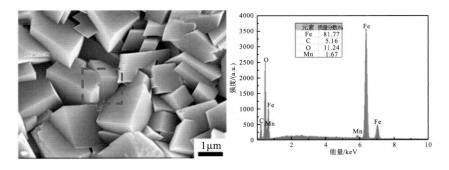

图 3-20　N80 钢在温度为 160℃、CO_2 分压为 2MPa 时的 EDS 能谱

图 3-21 为 3Cr 钢在温度为 160℃、CO_2 分压为 1～4MPa 条件下的腐蚀速率。由图 3-20 可知，3Cr 钢的腐蚀速率为 0.0294～0.0488mm/a。3Cr 钢的腐蚀速率远小于油气田的腐蚀控制指标 0.076mm/a；随着 CO_2 分压的升高，3Cr 钢的腐蚀速率先增大后减小。依据 NACE RP0775-91 标准（表 3-1），该实验条件下，3Cr 钢属于中度腐蚀。

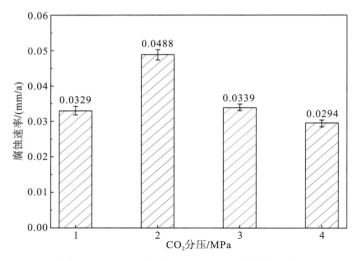

图 3-21　3Cr 钢在不同 CO₂ 分压下的腐蚀速率

图 3-22 是 3Cr 钢在不同 CO_2 分压下的腐蚀形貌(×100 倍)。由图 3-22(a)可知，3Cr 钢的表面可以看到清晰的加工刀痕，部分腐蚀颗粒零散地分布于基体。3Cr 钢的表面存在腐蚀坑。由图 3-22(b)可知，3Cr 钢的表面零散分布许多腐蚀颗粒。由图 3-22(c)可知，3Cr 钢的表面覆盖一层薄的腐蚀产物。由图 3-22(d)可知，3Cr 钢的表面存在着较大尺寸的腐蚀颗粒。

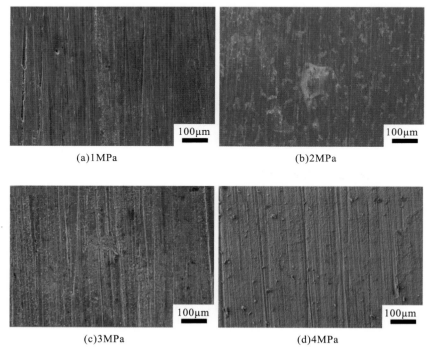

图 3-22　3Cr 钢在不同 CO_2 分压下的腐蚀形貌(×100 倍)

图 3-23 为 3Cr 钢在不同 CO_2 分压下的腐蚀形貌(×10000 倍)。图 3-24 是 3Cr 钢在不同 CO_2 分压下的 EDS 能谱。由图 3-23(a)可知，立方体状的腐蚀产物晶体间裸露金属基体，由晶体形状特征、EDS 和后文的 XPS 结果分析可知，该腐蚀产物是 $FeCO_3$ 晶体。由图 3-23(b)可知，$FeCO_3$ 晶体的尺寸为 2～3μm，且晶体间存在少许孔隙。由图 3-23(c)可知，$FeCO_3$ 晶体的尺寸为 1.5～2μm，晶体交错生长。由图 3-23(b)和图 3-23(c)可以发现，随着 CO_2 分压的升高，$FeCO_3$ 晶体的尺寸减小，且边缘更加圆滑。由图 3-23(d)可以发现，3Cr 钢的腐蚀产物呈龟裂状，这主要是 $Cr(OH)_3$ 脱水造成的。由图 3-24 可知，3Cr 钢腐蚀产物的主要元素有 Fe、C 和 O。由图 3-24(b)可知，3Cr 钢腐蚀产物膜中的 Cr 元素含量远高于基体，说明 3Cr 钢在基体表面发生了 Cr 富集的现象。

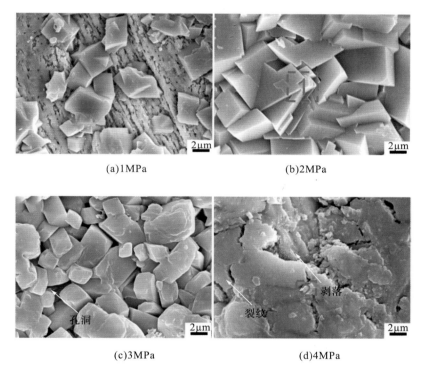

(a)1MPa　　　　　　　　　(b)2MPa

(c)3MPa　　　　　　　　　(d)4MPa

图 3-23　3Cr 钢在不同 CO_2 分压下的腐蚀形貌(×10000 倍)

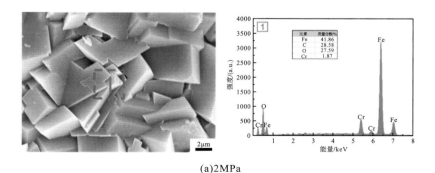

(a)2MPa

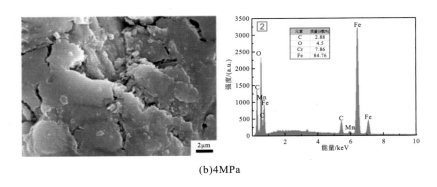

(b)4MPa

图 3-24   3Cr 钢在不同 CO_2 分压下的 EDS 能谱

2. CO_2 分压对不锈钢腐蚀行为的影响

图 3-25 为 9Cr 钢在温度为 160℃、CO_2 分压为 1～4MPa 条件下的腐蚀速率。由图 3-25 可知，9Cr 钢的腐蚀速率为 0.014～0.018mm/a，9Cr 钢的腐蚀速率远小于油气田腐蚀控制指标(0.076mm/a)；随着 CO_2 分压的升高，9Cr 钢的腐蚀速率先增大后减小。依据 NACE RP0775-91 标准(表 3-1)，该实验条件下，9Cr 钢属于轻度腐蚀。

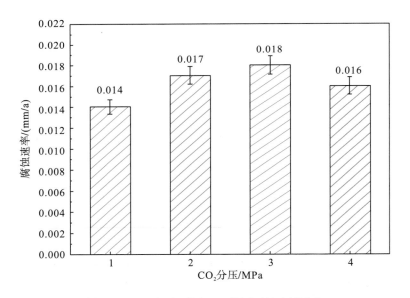

图 3-25   9Cr 钢在不同 CO_2 分压下的腐蚀速率

图 3-26 是 9Cr 钢在不同 CO_2 分压下的腐蚀形貌(×100 倍)。由图 3-26(a)可知，9Cr 钢的腐蚀产物呈圆环状堆积，且 9Cr 钢的表面有许多点蚀坑。由图 3-26(b)可知，9Cr 钢的腐蚀产物呈圆环状。由图 3-26(c)和图 3-26(d)可知，9Cr 钢表面可以清晰地看到加工刀痕。9Cr 钢表面并无明显的腐蚀产物堆积。

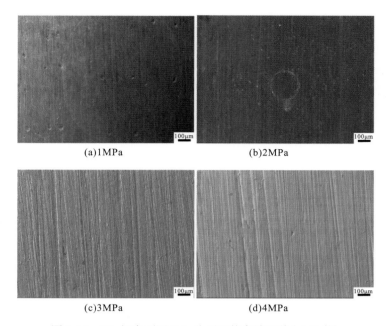

(a)1MPa　　　　　　　　　(b)2MPa

(c)3MPa　　　　　　　　　(d)4MPa

图 3-26　9Cr 钢在不同 CO_2 分压下的腐蚀形貌(×100 倍)

　　图 3-27 是 9Cr 钢在不同 CO_2 分压下的腐蚀形貌(×10000 倍)。由图 3-27(a)可知,颗粒状的腐蚀产物零散分布于基体表面。由图 3-27(b)可知,基体表面生成片状的腐蚀产物膜。由图 3-27(c)可知,立方体状的腐蚀晶体布满基体表面,晶体间存在间隙。由图 3-27(d)可知,基体表面覆盖着圆形晶体颗粒。

(a)1MPa　　　　　　　　　(b)2MPa

(c)3MPa　　　　　　　　　(d)4MPa

图 3-27　9Cr 钢在不同 CO_2 分压下的腐蚀形貌(×10000 倍)

图 3-28 是 13Cr 钢在温度为 160℃、CO_2 分压为 1~4MPa 时的腐蚀速率。由图 3-28 可知，随着 CO_2 分压的增大，13Cr 钢的腐蚀速率先增大后减小。CO_2 分压为 3MPa 时 13Cr 钢的腐蚀速率达到最大值。实验条件下，13Cr 钢的腐蚀速率均小于油气田腐蚀控制指标 0.076mm/a。依据 NACE RP0775-91 标准（表 3-1），该实验条件下，13Cr 钢属于轻度腐蚀。

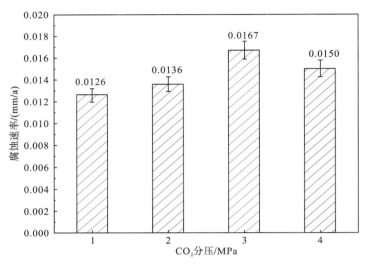

图 3-28   13Cr 钢在不同 CO_2 分压下的腐蚀速率

图 3-29 是 13Cr 钢在不同 CO_2 分压下的腐蚀形貌（×100 倍）。由图 3-29 可知，13Cr 钢的表面有明显的加工刀痕。由图 3-29（b）可知，13Cr 钢的腐蚀产物呈圆环状。由图 3-29（c）和图 3-29（d）可知，13Cr 钢表面没有明显的腐蚀产物。

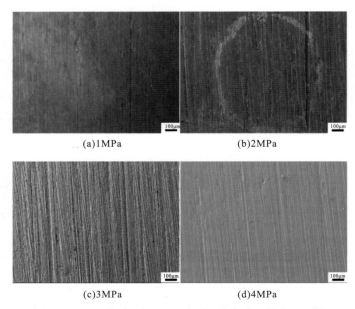

(a)1MPa   (b)2MPa

(c)3MPa   (d)4MPa

图 3-29   13Cr 钢在不同 CO_2 分压下的腐蚀形貌（×100 倍）

图 3-30 是 13Cr 钢在不同 CO_2 分压下的腐蚀形貌(×10000 倍)。由图 3-30(a)可知，腐蚀产物呈带状分布，且腐蚀产物膜疏松。由图 3-30(b)可知，基体表面覆盖完整、致密的腐蚀产物膜。由图 3-30(c)可知，圆片状的腐蚀颗粒散落于基体。由图 3-30(d)可知，基体表面沟壑中充满了晶体颗粒。由图 3-31 可知，13Cr 钢表面腐蚀产物膜中的 Cr 含量高于基体，说明腐蚀产物膜中发生了 Cr 富集现象。

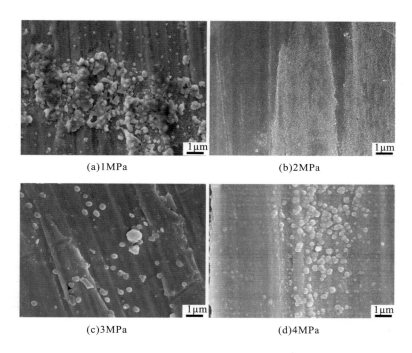

(a)1MPa (b)2MPa

(c)3MPa (d)4MPa

图 3-30　13Cr 钢在不同 CO_2 分压下的腐蚀形貌(×10000 倍)

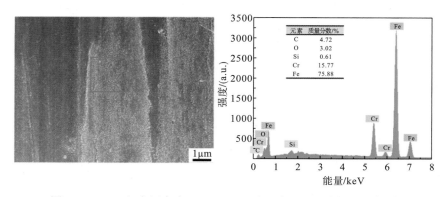

元素	质量分数/%
C	4.72
O	3.02
Si	0.61
Cr	15.77
Fe	75.88

图 3-31　13Cr 钢在温度为 160℃、CO_2 分压为 2MPa 时的 EDS 能谱

3. CO_2 分压对油套管腐蚀速率的影响

图 3-32 是四种材质在不同 CO_2 分压下的腐蚀速率。由图 3-32 可知，CO_2 分压为 1～4MPa 时，随 CO_2 分压的升高，四种材质的腐蚀速率先增大后减小。CO_2 分压为 2MPa 时

N80 钢和 3Cr 钢的腐蚀速率达到最大值。CO$_2$ 分压为 3MPa 时，9Cr 钢和 13Cr 钢的腐蚀速率达到最大值。CO$_2$ 分压为 2MPa 时，N80 钢的腐蚀速率接近油气田腐蚀控制指标 0.076mm/a。其他条件下，N80 钢、3Cr 钢、9Cr 钢和 13Cr 钢的腐蚀速率均小于 0.076mm/a。

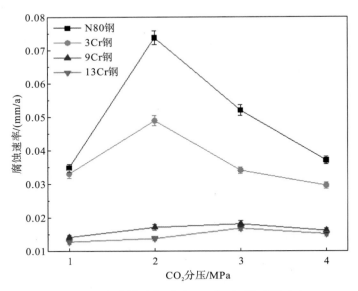

图 3-32   四种材质在不同 CO$_2$ 分压下的腐蚀速率

CO$_2$ 分压的增加，导致水膜中 H$^+$浓度随着 CO$_2$ 分压的增加而逐渐升高。水膜中 H$^+$ 浓度升高，将会使 pH 降低。Hua 等[11]认为随着 pH 的降低，FeCO$_3$ 晶体的数量逐渐升高，而尺寸逐渐减小。Liu 等[12]认为，CO$_2$ 分压的增加提高了溶液中的侵蚀性粒子（如 H$^+$、H$_2$CO$_3$）的浓度。

总的来说，CO$_2$ 分压主要影响水膜的 pH，pH 对碳钢腐蚀的影响主要包括两个方面。一方面，pH 的降低导致了 HCO$_3^-$ 和 Fe^{2+}浓度的升高，从而促使 FeCO$_3$ 晶体更快地沉积；另一方面，pH 的降低也导致了 H$^+$的去极化作用增强，使 FeCO$_3$ 晶体产生溶解[13]。

3.2.3   流速对油套管腐蚀行为的影响

图 3-33 是 N80 钢在温度为 160℃、CO$_2$ 分压为 2MPa、流速为 3～6m/s 条件下的腐蚀速率。由图 3-33 可知，N80 钢的腐蚀速率依次为 0.0811mm/a，0.0994mm/a 和 0.1078mm/a。N80 钢的腐蚀速率均超过了油气田腐蚀控制指标 0.076mm/a。随着流速的增加，N80 钢的腐蚀速率持续升高。依据 NACE RP0775-91 标准，该实验条件下，N80 钢属于中度腐蚀。

图 3-34 为 N80 钢在不同流速下的腐蚀形貌（×100 倍）。由图 3-34 可知，试片的表面可以看到明显的加工刀痕。由图 3-34（a）可知，N80 钢的腐蚀产物呈圆环状堆积。由图 3-34（b）可知，部分 N80 钢的腐蚀产物呈片状堆积。由图 3-10（c）可知，N80 钢的腐蚀产物堆积成团状。

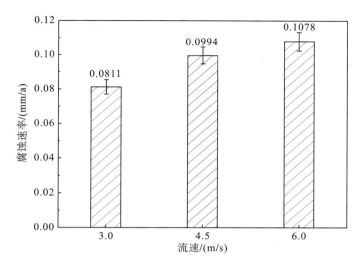

图 3-33　N80 钢在不同流速下的腐蚀速率

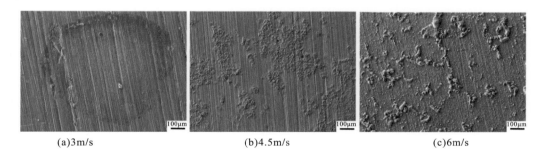

(a)3m/s　　　　　　　(b)4.5m/s　　　　　　　(c)6m/s

图 3-34　N80 钢在不同流速下的腐蚀形貌(×100 倍)

图 3-35 为 N80 钢在不同流速下的腐蚀形貌(×10000 倍)和 EDS 能谱。由图 3-35 可知，试样表面沉积立方体状的腐蚀晶体形成了不均匀的腐蚀产物膜。由图 3-35(b)可知，腐蚀产物膜产生剥落，在局部区域产生了圆形孔洞。由图 3-35(c)可知，腐蚀产物表面有许多孔洞。由图 3-35 可知，N80 钢腐蚀产物的主要元素为 Fe、C 和 O。

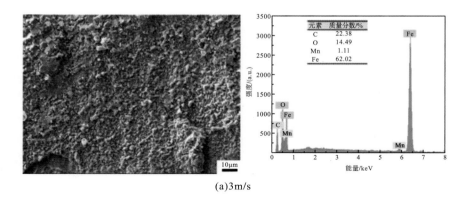

(a)3m/s

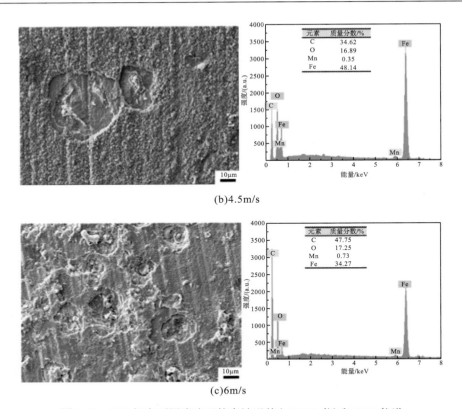

(b)4.5m/s

(c)6m/s

图 3-35 N80 钢在不同流速下的腐蚀形貌(×10000 倍)和 EDS 能谱

图 3-36 为 3Cr 钢在 CO₂ 分压为 2MPa、温度为 160℃、流速为 3～6m/s 条件下的腐蚀速率。由图 3-36 可知,3Cr 钢的腐蚀速率为 0.0599～0.0847mm/a。流速为 6.0m/s 时,3Cr 钢的腐蚀速率大于油气田腐蚀控制指标 0.076mm/a;随着流速的增加,3Cr 钢的腐蚀速率持续加快。依据 NACE RP0775-91 标准,该实验条件下,3Cr 钢属于中度腐蚀。

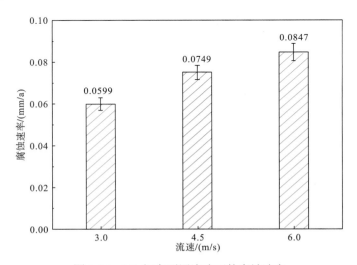

图 3-36 3Cr 钢在不同流速下的腐蚀速率

　　图 3-37 是 3Cr 钢在不同流速下的腐蚀形貌(×100 倍)。由图 3-37(a)可知，3Cr 钢表面可以清晰地看到加工刀痕，且 3Cr 钢表面的腐蚀产物堆积成块状。由图 3-37(b)可知，3Cr 钢表面的腐蚀产物堆积成片状。由图 3-37(c)可知，3Cr 钢的腐蚀产物膜发生破裂，且部分腐蚀产物堆积成鼓包状。

　　　　(a)3m/s　　　　　　　　　　(b)4.5m/s　　　　　　　　　(c)6m/s

图 3-37　3Cr 钢在不同流速下的腐蚀形貌(×100 倍)

　　图 3-38 是 3Cr 钢在不同流速下的腐蚀形貌(×10000 倍)。由图 3-38(a)可知，立方体状的腐蚀晶体间存在许多孔隙，由晶体形状特征可知，该腐蚀产物是 $FeCO_3$ 晶体。$FeCO_3$ 晶体交错生长。由图 3-38(b)可知，腐蚀产物膜中存在微裂纹。由图 3-38(c)可知，腐蚀产物膜发生剥落。

　　　　(a)3m/s　　　　　　　　　　(b)4.5m/s　　　　　　　　　(c)6m/s

图 3-38　3Cr 钢在不同流速下的腐蚀形貌(×10000 倍)

　　图 3-39 为 9Cr 钢在温度为 160℃、CO_2 分压为 2MPa、流速为 3～6m/s 下的腐蚀速率。由图 3-39 可知，9Cr 钢的腐蚀速率为 0.0194～0.0267mm/a，9Cr 钢的腐蚀速率远小于油气田腐蚀控制指标 0.076mm/a；随着流速的增加，9Cr 钢的腐蚀速率持续增大。依据 NACE RP0775-91 标准，流速为 3～4.5m/s 时，9Cr 钢属于轻度腐蚀；流速为 6m/s 时，9Cr 钢属于中度腐蚀。

　　图 3-40 是 9Cr 钢在不同流速下的腐蚀形貌(×100 倍)。由图 3-40(a)和图 3-40(b)可知，9Cr 钢的表面能看到明显的加工刀痕。由图 3-40(c)可知，9Cr 钢的表面覆盖一层薄的腐蚀产物膜。

　　图 3-41 是 9Cr 钢在不同流速下的腐蚀形貌(×10000 倍)。由图 3-41(a)可知，基体表面无明显腐蚀产物。由图 3-41(b)可知，腐蚀产物膜中存在裂纹。由图 3-41(c)可知，腐蚀产物膜发生破碎。

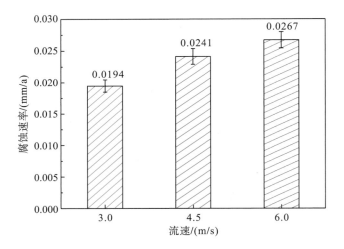

图 3-39   9Cr 钢在不同流速下的腐蚀速率

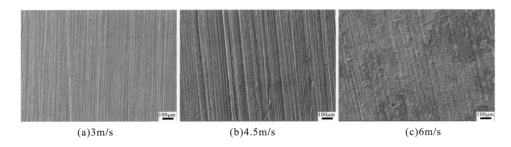

(a)3m/s   (b)4.5m/s   (c)6m/s

图 3-40   9Cr 钢在不同流速下的腐蚀形貌(×100 倍)

(a)3m/s   (b)4.5m/s   (c)6m/s

图 3-41   9Cr 钢在不同流速下的腐蚀形貌(×10000 倍)

图 3-42 为 13Cr 钢在温度为 160℃、CO_2 分压为 2MPa、流速为 3～6m/s 条件下的腐蚀速率。由图 3-42 可知，任意工况下，13Cr 钢的腐蚀速率均小于油气田的腐蚀控制指标 0.076mm/a。随着流速的加大，13Cr 钢的腐蚀速率持续加快，并在流速为 6.0m/s 时达到最大值。依据 NACE RP0775-91 标准，该实验条件下，13Cr 钢属于轻度腐蚀。

图 3-43 是 13Cr 钢在不同流速下的腐蚀形貌(×100 倍)。由图 3-43 可知，13Cr 钢的表面有明显的加工刀痕。由图 3-43(b)可知，13Cr 钢的表面有零散分布的腐蚀颗粒。

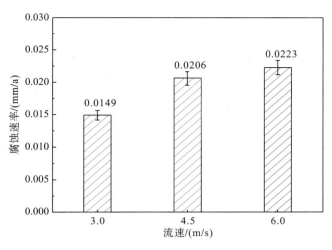

图 3-42　13Cr 钢在不同流速下的腐蚀速率

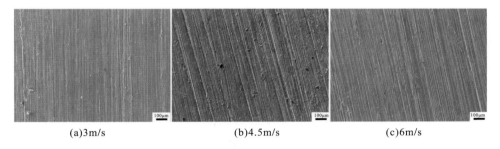

(a)3m/s　　　　　　　　(b)4.5m/s　　　　　　　　(c)6m/s

图 3-43　13Cr 钢在不同流速下的腐蚀形貌(×100 倍)

图 3-44 是 13Cr 钢在不同流速下的腐蚀形貌(×10000 倍)。由图 3-44(b) 可知，试片表面存在块状的腐蚀产物。由图 3-44(c) 可知，试片的加工沟槽处存在腐蚀产物。

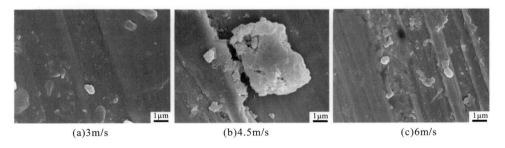

(a)3m/s　　　　　　　　(b)4.5m/s　　　　　　　　(c)6m/s

图 3-44　13Cr 钢在不同流速下的腐蚀形貌(×10000 倍)

3.2.4　氯离子浓度对油套管腐蚀行为的影响

图 3-45 为 N80 钢在温度为 160℃、CO_2 分压为 2MPa、静态及氯离子浓度为 1000～3000mg/L 的条件下的腐蚀速率。由图 3-45 可知，N80 钢的腐蚀速率大于油气田的腐蚀控

制指标 0.076mm/a；随着氯离子浓度的升高，N80 钢的腐蚀速率持续增大。依据 NACE RP0775-91 标准，氯离子浓度为 1000mg/L 时，N80 钢的腐蚀属于中度腐蚀，氯离子浓度高于 1000mg/L 时，N80 钢的腐蚀属于严重腐蚀。

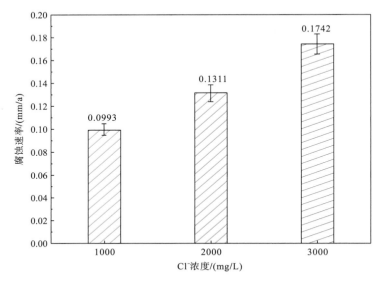

图 3-45   N80 钢在不同氯离子浓度下的腐蚀速率

图 3-46 是 N80 钢在不同氯离子浓度下的腐蚀形貌(×100 倍)。由图 3-46(a)可知，N80 钢的腐蚀产物膜产生破裂，这可能是由于试片在封装的过程中产生挤压。试片中能清晰地看到加工划痕。图 3-46(b)可知，N80 钢的腐蚀产物完全覆盖金属基体。基体表面存在许多微小的腐蚀颗粒。由图 3-46(c)可知，N80 钢的腐蚀颗粒呈团状堆积。

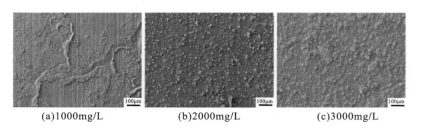

(a)1000mg/L   (b)2000mg/L   (c)3000mg/L

图 3-46   N80 钢在不同氯离子浓度下的腐蚀形貌(×100 倍)

图 3-47 是 N80 钢在不同氯离子浓度下的腐蚀形貌(×10000 倍)。图 3-48 是 N80 钢在温度为 160℃、CO$_2$ 分压为 2MPa、氯离子浓度为 1000～3000mg/L 时的 EDS 能谱。由图 3-47(a)可知，立方体状的腐蚀晶体分布在基体表面，晶体间裸露金属基体。结合晶体的形状特征、后文中的 XRD 结果和 XPS 结果分析可知，该腐蚀晶体是 FeCO$_3$ 晶体。由图 3-47(b)可知，FeCO$_3$ 晶体堆积在基体表面，晶体融合成块状。由图 3-47(c)可知，FeCO$_3$ 晶体的尺寸为 1.5～2μm，晶体之间产生融合。由图 3-48 可知，N80 钢的腐蚀产物元素为 Fe、C 和 O。

(a)1000mg/L　　　　　　(b)2000mg/L　　　　　　(c)3000mg/L

图 3-47　N80 钢在不同氯离子浓度下的腐蚀形貌(×10000 倍)

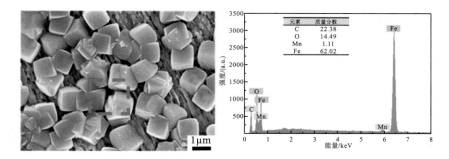

图 3-48　N80 钢在温度为 160℃、CO_2 分压为 2MPa、氯离子浓度为 1000mg/L 时的 EDS 能谱

图 3-49 为 3Cr 钢在 CO_2 分压为 2MPa、温度为 160℃、静态及氯离子浓度为 1000～3000mg/L 的腐蚀速率。由图 3-49 可知，3Cr 钢的腐蚀速率为 0.0609～0.1310mm/a。氯离子浓度为 2000mg/L 和 3000mg/L 时，3Cr 钢的腐蚀速率大于油气田腐蚀控制指标 0.076mm/a；氯离子浓度的升高显著地增大了 3Cr 钢的腐蚀速率。依据 NACE RP0775-91 标准，氯离子浓度为 1000mg/L 时，3Cr 钢属于中度腐蚀；氯离子浓度为 2000～3000mg/L 时，3Cr 钢属于严重腐蚀。

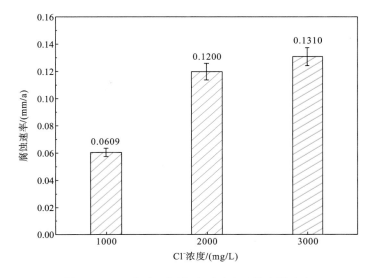

图 3-49　3Cr 钢在不同氯离子浓度下的腐蚀速率

图 3-50 是 3Cr 钢在不同氯离子浓度下的腐蚀形貌(×100 倍)。由图 3-50(a)可知,3Cr 钢的腐蚀产物呈圆环状堆积。由图 3-50(b)可知,3Cr 钢的表面覆盖一层薄的腐蚀产物,且腐蚀产物膜发生破裂。由图 3-50(c)可知,3Cr 钢的表面可以清晰地看到加工刀痕,腐蚀产物呈块状堆积在试片表面。

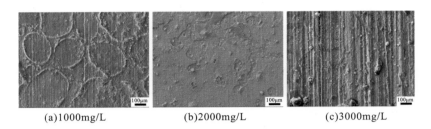

(a)1000mg/L   (b)2000mg/L   (c)3000mg/L

图 3-50   3Cr 钢在不同氯离子浓度下的腐蚀形貌(×100 倍)

图 3-51 是 3Cr 钢在不同氯离子浓度下的腐蚀形貌(×10000 倍)。由图 3-51(a)可知,立方体状的腐蚀晶体间存在许多孔隙,由晶体形状特征、后文的 XPS 和 EDS 结果分析可知,该腐蚀产物是 FeCO$_3$ 晶体。由图 3-51(b)可知,FeCO$_3$ 晶体数量变多,晶体间的孔隙比较小。由图 3-51(c)可知,圆片状的腐蚀产物覆盖于基体。

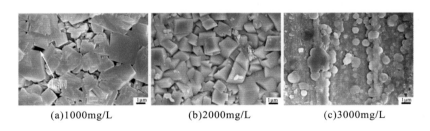

(a)1000mg/L   (b)2000mg/L   (c)3000mg/L

图 3-51   3Cr 钢在不同氯离子浓度下的腐蚀形貌(×10000 倍)

图 3-52 为 9Cr 钢在温度为 160℃、CO$_2$ 分压为 2MPa、静态及氯离子浓度为 1000～3000mg/L 的腐蚀速率。由图 3-52 可知,9Cr 钢的腐蚀速率为 0.0352～0.0832mm/a,氯离子浓度为 3000mg/L 时,9Cr 钢的腐蚀速率大于油气田腐蚀控制指标 0.076mm/a;随着氯离子浓度的升高,9Cr 钢的腐蚀速率持续增大。依据 NACE RP0775-91 标准,该实验条件下,9Cr 钢属于中度腐蚀。

图 3-53 是 9Cr 钢在不同氯离子浓度下的腐蚀形貌(×100 倍)。由图 3-53(a)和图 3-53(b)可知,9Cr 钢的表面可以看到清晰的加工刀痕。由图 3-53(b)可知,腐蚀颗粒零散地分布在试片表面。由图 3-53(c)可知,9Cr 钢的表面堆积着较厚的腐蚀产物。

图 3-54 为 9Cr 钢在不同氯离子浓度下的腐蚀形貌(×10000 倍)。由图 3-54(a)可知,9Cr 钢的腐蚀产物膜发生破裂。由图 3-54(b)可知,9Cr 钢的表面零散分布着立方形的腐蚀晶体。由图 3-54(c)可知,9Cr 钢的腐蚀产物呈菱形,菱形的腐蚀产物凌乱地堆积在试片的表面。

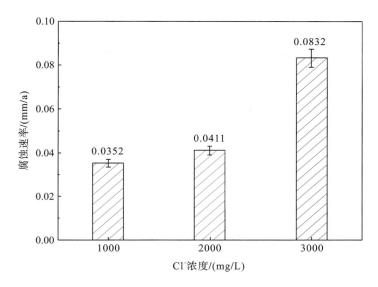

图 3-52　9Cr 钢在不同氯离子浓度下的腐蚀速率

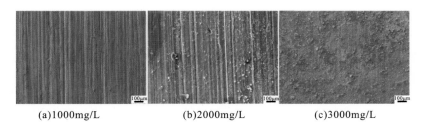

(a)1000mg/L　　　(b)2000mg/L　　　(c)3000mg/L

图 3-53　9Cr 钢在不同氯离子浓度下的腐蚀形貌(×100 倍)

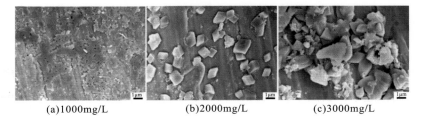

(a)1000mg/L　　　(b)2000mg/L　　　(c)3000mg/L

图 3-54　9Cr 钢在不同氯离子浓度下的腐蚀形貌(×10000 倍)

　　图 3-55 为 13Cr 钢在温度为 160℃、CO₂ 分压为 2MPa、静态及氯离子浓度为 1000～3000mg/L 的腐蚀速率。由图 3-55 可知，13Cr 钢的腐蚀速率为 0.0189～0.0353mm/a，均小于油气田腐蚀控制指标 0.076mm/a。13Cr 钢的腐蚀速率随着氯离子浓度的升高而持续增大。氯离子浓度为 3000mg/L 时，13Cr 钢的腐蚀速率达到最大值。依据 NACE RP0775-91 标准，氯离子浓度为 1000mg/L 时，13Cr 钢的腐蚀属于轻度腐蚀，在其他条件下，13Cr 钢属于中度腐蚀。

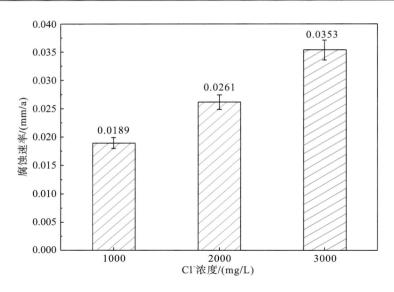

图 3-55   13Cr 钢在不同氯离子浓度下的腐蚀速率

图 3-56 是 13Cr 钢在不同氯离子浓度下的腐蚀形貌(×100 倍)。由图 3-56(a)可知，试片表面可以看到清晰的加工刀痕，基本没有腐蚀产物。由图 3-56(b)可知，试片表面有一团块状的腐蚀产物。由图 3-56(c)可知，试片表面被一层腐蚀产物覆盖，局部区域内有腐蚀产物堆积。

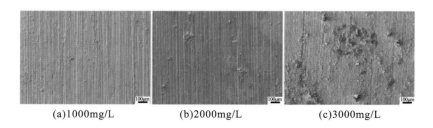

(a)1000mg/L   (b)2000mg/L   (c)3000mg/L

图 3-56   13Cr 钢在不同氯离子浓度下的腐蚀形貌(×100 倍)

图 3-57 是 13Cr 钢在不同氯离子浓度下的腐蚀形貌(×10000 倍)。由图 3-57(a)和图 3-57(b)可知，紧实致密的腐蚀产物膜覆盖于试样的表面。图 3-57(a)中还可以观察到

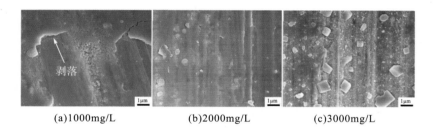

(a)1000mg/L   (b)2000mg/L   (c)3000mg/L

图 3-57   13Cr 钢在不同氯离子浓度下的腐蚀形貌(×10000 倍)

白色晶体附着于腐蚀产物膜，由 EDS 结果推断该晶体为钠盐。由图 3-57(c)可知，试样的表面存在立方体状的腐蚀晶体。结合晶体形貌和后文的 XPS 结果可知，该立方晶体是 $FeCO_3$。

　　图 3-58 是四种材质在不同氯离子浓度下的腐蚀速率。由图 3-58 可知，随着氯离子浓度的升高，四种材质的腐蚀速率持续增大。氯离子浓度为 3000mg/L 时，四种材质的腐蚀速率达到最大值。任意工况下，N80 钢的腐蚀速率均大于油气田腐蚀控制指标 0.076mm/a。氯离子浓度为 1000mg/L 时，3Cr 钢的腐蚀速率小于 0.076mm/a，而其他条件下，3Cr 钢的腐蚀速率却大于 0.076mm/a。9Cr 钢在氯离子浓度为 3000mg/L 时略低于 0.076mm/a。任意工况下，13Cr 钢的腐蚀速率远低于 0.076mm/a，且四种材质的腐蚀速率从大到小排序为：N80 钢＞3Cr 钢＞9Cr 钢＞13Cr 钢。

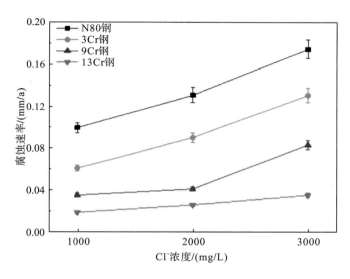

图 3-58　四种材质在不同氯离子浓度下的腐蚀速率

3.2.5　油套管的腐蚀产物成分分析

　　材质的腐蚀性能与腐蚀产物膜的结构和成分紧密相关。为了研究材质腐蚀产物膜的成分，对 N80 钢、3Cr 钢、9Cr 钢和 13Cr 钢的试样分别进行 XRD 和 XPS 测试。

　　图 3-59 是四种材质的 XRD 图谱。由图 3-59(a)可知，N80 钢的腐蚀产物为 Fe_2O_3 和 Fe_3C。Fe_2O_3 是由 $FeCO_3$ 高温热分解为 FeO，而 FeO 在空气中极易氧化为 Fe_2O_3。Fe_3C 是金属基体中的成分。由图 3-59(b)～图 3-59(d)可以看出，3Cr 钢、9Cr 钢和 13Cr 钢腐蚀产物的 XRD 图谱中仅能观察到 3 个峰，经过 JADE 软件分析可知是 Fe_3C 峰。Guo 等研究认为，若 3Cr 钢的腐蚀产物膜非常薄，X 射线击穿腐蚀产物膜后衍射基体[14]。高温蒸汽环境含 CO_2 环境中 N80 钢和含 Cr 钢的腐蚀产物的 XRD 结果与 Guo 等的研究类似。XRD 结果中未探测到 $Cr(OH)_3$，这是由于 $Cr(OH)_3$ 是非晶态物质。

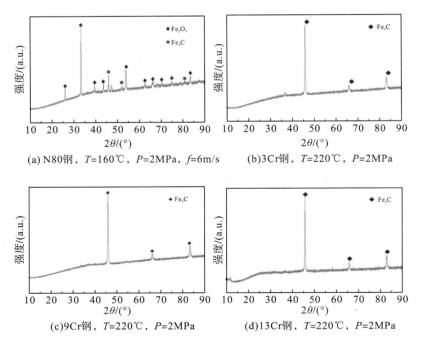

(a) N80钢，$T=160℃$，$P=2MPa$，$f=6m/s$ (b) 3Cr钢，$T=220℃$，$P=2MPa$

(c) 9Cr钢，$T=220℃$，$P=2MPa$ (d) 13Cr钢，$T=220℃$，$P=2MPa$

图 3-59 四种材质的 XRD 图谱

为了进一步研究 N80 钢和含 Cr 钢腐蚀产物成分，利用 XPS 对 N80 钢和含 Cr 钢的腐蚀产物成分进行分析。图 3-60 是 N80 钢腐蚀产物的 XPS 图谱。由图 3-60 可知，C 1s 的结合能峰值为 284.5eV，在 288.4eV 处存在一个小峰，Fe 2p 的结合能峰值分别是 Fe 2p$_{3/2}$（724.3eV）和 Fe 2p$_{1/2}$（710.3eV），O 1s 的结合能峰值分别为 530.6eV 和 531.9eV。结合表 3-3 判断，N80 钢表面腐蚀产物膜的主要成分是 FeCO₃、Fe₂O₃。

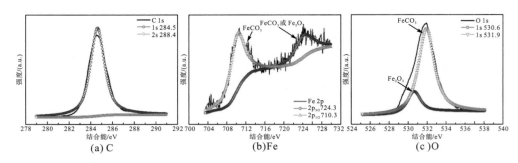

(a) C   (b) Fe   (c) O

图 3-60 N80 钢腐蚀产物的 XPS 图谱

表 3-3 FeCO₃、Fe₂O₃、Cr(OH)₃ 和 Cr₂O₃ 的结合能

化合物	Fe 2p		Cr 2p	C 1s	O 1s
	Fe 2p$_{3/2}$	Fe 2p$_{1/2}$	Cr 2p$_{3/2}$		
FeCO₃	710.2~711.9	723.7~724.8	—	289.4	531.9~532.9
Fe₂O₃	710.8~711.2	724.2~724.7	—	—	529.1~531.3

续表

化合物	Fe 2p		Cr 2p	C 1s	O 1s
	Fe 2p$_{3/2}$	Fe 2p$_{1/2}$	Cr 2p$_{3/2}$		
Cr(OH)$_3$	—	—	575.7～579.5	—	529.7～533.5
Cr$_2$O$_3$	—	—	575.4～579.2	—	530.0～533.2

图 3-61 是 3Cr 钢的腐蚀产物的 XPS 图谱。由图 3-61(a)可知，C 的结合能峰值为 284.62eV。由图 3-61(b)可知，Cr 的 2p 结合能峰值为 577.07eV、586.95eV。由图 3-61(c) 可知，O 的结合能峰值为 530.65eV 和 531.95eV。由图 3-61(d)可知，Fe 2p 的结合能峰值 分别是 2p$_{1/2}$710.27eV 和 2p$_{3/2}$724.30eV。结合表 3-3 判断，3Cr 钢腐蚀产物膜的主要成分 是 FeCO$_3$、Fe$_2$O$_3$、Cr(OH)$_3$ 和 Cr$_2$O$_3$。

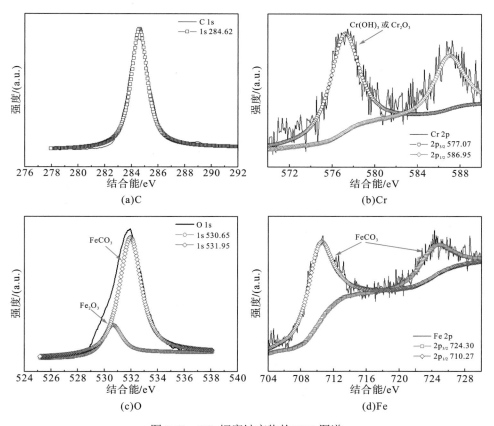

图 3-61　3Cr 钢腐蚀产物的 XPS 图谱

图 3-62 是 9Cr 钢腐蚀产物的 XPS 图谱。由图 3-62 可知，C 1s 的结合能峰值为 286.4eV 和 288.7eV，Cr 2p 的结合能峰值分别是 Cr 2p$_{3/2}$(577.1eV) 和 Cr 2p$_{1/2}$(586.9eV)，Fe 2p 的结 合能峰值分别是 Fe 2p$_{3/2}$(710.7eV) 和 Fe 2p$_{1/2}$(724.4eV)，O 1s 的结合能峰值分别为 530.8eV 和 531.4eV。结合表 3-3 判断，9Cr 钢表面腐蚀产物膜的主要成分是 FeCO$_3$、 Fe$_2$O$_3$、Cr(OH)$_3$ 和 Cr$_2$O$_3$。

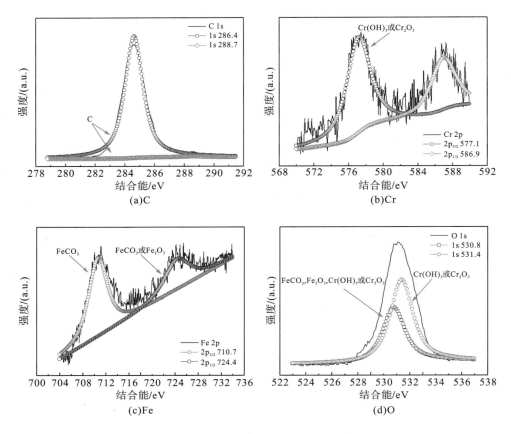

图 3-62   9Cr 钢腐蚀产物的 XPS 图谱

图 3-63 是 13Cr 钢腐蚀产物的 XPS 图谱。由图 3-63 可知，C 1s 的结合能峰值为 284.6eV，Cr 2p 的结合能峰值分别是 Cr 2p$_{3/2}$(577.1eV) 和 Cr 2p$_{1/2}$(587.1eV)，Fe 2p 的结合能峰值分别是 Fe 2p$_{3/2}$(710.4eV) 和 Fe 2p$_{1/2}$(724.1eV)，O 1s 的结合能峰值分别为 530.7eV 和 531.8eV。结合表 3-3 判断，13Cr 钢表面腐蚀产物膜的主要成分是 $FeCO_3$、Fe_2O_3、$Cr(OH)_3$ 和 Cr_2O_3。

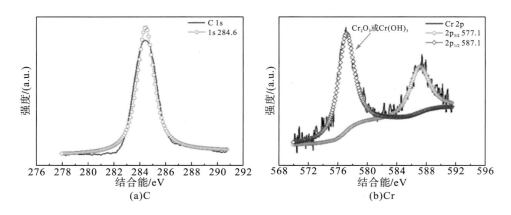

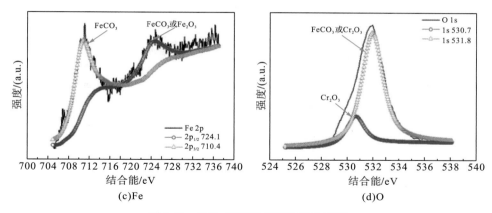

图 3-63 13Cr 钢腐蚀产物的 XPS 图谱

结合 3.2.5 节 SEM 图中腐蚀产物膜形貌和 XPS 的分析结果，N80 钢的腐蚀产物主要为 $FeCO_3$ 和 Fe_2O_3，含 Cr 钢的腐蚀产物由 $Cr(OH)_3$、Cr_2O_3、$FeCO_3$ 和 Fe_2O_3 构成。Gao 等[15]认为，CO_2 腐蚀过程中，含 Cr 钢的基体表面产生一层致密的富 Cr 层，富 Cr 层是由非晶态的 $Cr(OH)_3$ 和 $FeCO_3$ 构成的混合层。CO_2 辅助蒸汽驱注气过程中 N80 钢的表面形成一层 $FeCO_3$ 腐蚀产物膜，而含 Cr 钢的表面则形成一层富 Cr 层。

3.3 注气井油套管钢的腐蚀机理

钢的表面首先吸附水形成一层薄的水膜层（图 3-64）[15,16]。钢在高温蒸汽环境中的 CO_2 腐蚀过程是电化学过程，该电化学过程如下所述。

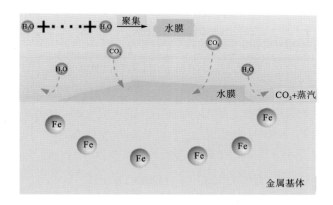

图 3-64 钢表面吸附水膜

首先，CO_2 在水膜中溶解形成 H_2CO_3，H_2CO_3 进一步分解形成 H^+、HCO_3^- 及 CO_3^{2-} 等[17]。N80 钢和含 Cr 钢的阴极反应方程式为

$$CO_2(g)+H_2O(l) \longrightarrow H_2CO_3(aq) \tag{3-2}$$

$$2H_2CO_3+2e^- \longrightarrow 2HCO_3^-+H_2 \tag{3-3}$$

$$2HCO_3^-+2e^- \longrightarrow 2CO_3^{2-}+H_2 \tag{3-4}$$

$$2H^++2e^- \longrightarrow H_2 \tag{3-5}$$

对于 N80 钢，其阳极反应是 Fe 的活性溶解，反应方程式为

$$Fe \longrightarrow Fe^{2+}+2e^- \tag{3-6}$$

对于 N80 钢，Fe^{2+} 与 HCO_3^- 结合形成 $Fe(HCO_3)_2$，$Fe(HCO_3)_2$ 不稳定，易分解为 $FeCO_3$。随着腐蚀过程的进行，当$[Fe^{2+}]\times[CO_3^{2-}]$的浓度超过 $FeCO_3$ 的过饱和度时，N80 钢的表面会沉积生成 $FeCO_3$ 晶体[15-18]（图 3-65），反应方程式为

$$Fe^{2+}+CO_3^{2-} \longrightarrow FeCO_3 \tag{3-7}$$

$$Fe^{2+}+2HCO_3^- \longrightarrow Fe(HCO_3)_2 \tag{3-8}$$

$$Fe(HCO_3)_2 \longrightarrow FeCO_3+CO_2+H_2O \tag{3-9}$$

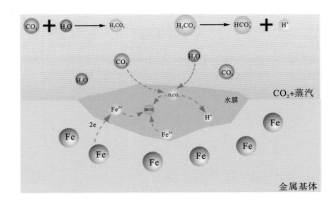

图 3-65　FeCO$_3$ 晶体的形成

高温蒸汽含 CO_2 环境中 N80 钢总的腐蚀反应为

$$Fe+CO_2+H_2O \longrightarrow FeCO_3+H_2 \tag{3-10}$$

对于含 Cr 钢，其阳极反应是 Fe 和 Cr 的活性溶解，其反应方程式为式（3-11）和式（3-12）。含 Cr 钢的腐蚀产物主要为非晶态的 $Cr(OH)_3$ 和 $FeCO_3$[19]。其中，$Cr(OH)_3$ 通过反应式（3-12）生成，$FeCO_3$ 通过式（3-7）～式（3-9）生成。

$$Cr \longrightarrow Cr^{3+}+3e^- \tag{3-11}$$

$$Cr^{3+}+3H_2O \longrightarrow Cr(OH)_3+3H^+ \tag{3-12}$$

N80 钢和含 Cr 钢的腐蚀产物中出现了 Fe_2O_3。Guo 等[14]研究认为，3Cr 钢的腐蚀产物 $FeCO_3$ 在高温中产生分解，反应方程式为式（3-13）。试样从高温高压釜中取出时，生成的 FeO 在空气中极易氧化，转变为 Fe_2O_3，反应方程式为式（3-14）。

$$FeCO_3 \longrightarrow FeO+CO_2 \tag{3-13}$$

$$4FeO+O_2 \longrightarrow 2Fe_2O_3 \tag{3-14}$$

含 Cr 钢中存在 Cr_2O_3，这是由于含 Cr 钢中的 $Cr(OH)_3$ 在空气中易分解形成 Cr_2O_3[20]，反应方程式为

$$2Cr(OH)_3 \longrightarrow Cr_2O_3 + 3H_2O \tag{3-15}$$

3.3.1　温度对腐蚀的影响分析

1. 温度对水膜的影响

如图 3-2 和图 3-6 所示，随着温度的升高，N80 钢和 3Cr 钢的腐蚀产物越来越多。这是由于蒸汽受到冷却后将会产生凝结。若凝结的液滴吸附在钢的表面，钢将会在该区域发生腐蚀。随着温度的升高，13Cr 钢表面附着的圆环状腐蚀产物越来越多（图 3-13），这说明温度会影响 13Cr 钢表面吸附液滴的数量。液滴在吸附过程中需要吸收大量的热量，升高温度将导致更多的液滴吸附在 13Cr 钢的表面。

2. 温度对 N80 钢和 3Cr 钢腐蚀的影响

$FeCO_3$ 晶体生成需要经历三个阶段：溶液中的 Fe^{2+} 和 CO_3^{2-} 离子过饱和、$FeCO_3$ 晶体形核和 $FeCO_3$ 晶体长大。金属基体与溶液界面处的 Fe^{2+} 和 CO_3^{2-} 的过饱和度超过 K_{sp} 时，$FeCO_3$ 晶体开始形核长大。晶体的形核公式为

$$S = \frac{C_{Fe^{2+}} C_{CO_3^{2-}}}{K_{sp}} \tag{3-16}$$

式中，S 是过临界饱和度；$C_{Fe^{2+}}$ 是 Fe^{2+} 的浓度；$C_{CO_3^{2-}}$ 是 CO_3^{2-} 的浓度；K_{sp} 是 $FeCO_3$ 的溶解度。

当 $S > S_c$（临界过饱和度）时，晶体才会大量形核；当 $S < S_c$ 时，晶体的形核速率很小。Guo 等[14]认为，在一定温度条件下 S_c 主要受 pH 的影响，pH 的降低可以提高 $FeCO_3$ 的 S_c。

随着温度的升高，Fe 的活性溶解速率加快，水膜中 Fe^{2+} 与 CO_3^{2-} 的浓度和扩散速率增大，金属表面生成的 $FeCO_3$ 越来越多。在温度逐渐升高的过程中，Fe 的活性溶解速率增大，溶液中 Fe^{2+} 的浓度升高，依据电中性原理，溶液中 Fe^{2+} 浓度的提高会导致 H^+ 浓度的降低，同时阴极反应也会消耗部分 H^+。一方面，温度升高使得离子的活化能增加，致使水膜中 Fe^{2+} 与 CO_3^{2-} 的浓度和扩散速率增大。另一方面，温度升高，水膜中的 pH 降低，提高了 $FeCO_3$ 的过饱和度，晶体的形核速率大于晶体的长大速率[21]。

由图 3-3(a) 所示，160℃时 N80 钢表面 $FeCO_3$ 晶体中存在孔隙。低温时，$FeCO_3$ 晶体的长大速率大于形核速率，此时，金属表面零散分布粒径较大的 $FeCO_3$ 晶体（图 3-66）。由图 3-3(d) 所示，220℃时 N80 钢表面 $FeCO_3$ 晶体完整地覆盖在基体表面，部分腐蚀产物发生融合。高温时，金属的表面布满细小的 $FeCO_3$ 晶体，形成的腐蚀产物膜阻碍了腐蚀介质与金属基体发生反应（图 3-67）[22]。

如图 3-68 所示，3Cr 钢的表面产生微裂纹。这可能是由于腐蚀介质通过裂缝进入膜

层内部与基体发生反应并生成 $FeCO_3$ 晶体。随着膜层内部的 $FeCO_3$ 晶体不断生长聚集，膜层受到的 $FeCO_3$ 晶体的扩张应力也逐渐增大，最终致使膜层发生破裂(图 3-68)。

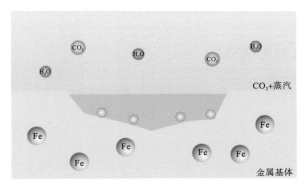

图 3-66　$FeCO_3$ 晶体的长大过程

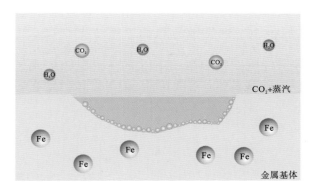

图 3-67　$FeCO_3$ 晶体的形核过程

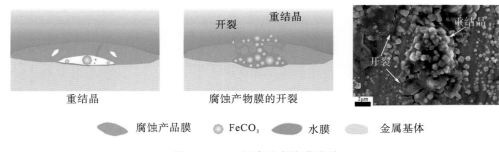

图 3-68　3Cr 钢腐蚀产物膜破裂

3. 温度对 9Cr 钢和 13Cr 钢腐蚀的影响

由 XPS 结果可知，含 Cr 钢的腐蚀产物为 $Cr(OH)_3$ 和 $FeCO_3$。Chen 等[22]认为：当钢中的 Cr 含量超过 3%时，钢的表面会生成一层富 Cr 层。Wei 等[23]认为：含 Cr 钢的富 Cr 层由 $Cr(OH)_3$ 和 $FeCO_3$ 构成。富 Cr 层的形成过程是 $Cr(OH)_3$ 和 $FeCO_3$ 互相沉积竞争的结果[24]。富 Cr 层的致密性取决于 $Cr(OH)_3$ 的占比，$Cr(OH)_3$ 越多，富 Cr 层越致密。致密的富 Cr 层能有效地阻止腐蚀性离子(CO_3^{2-}、HCO_3^-)的穿透，并且降低基体中 Fe 的溶解度(图 3-69)。富 Cr 层的致密性与 $Cr(OH)_3$ 和 $FeCO_3$ 的含量有关。Cr/Fe 可以反映富 Cr 层的致密性，Cr/Fe 越高，富 Cr 层越致密。

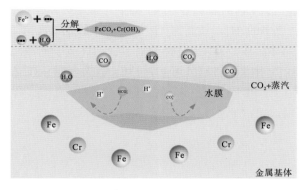

图 3-69　富 Cr 层的选择透过性

由 9Cr 钢的 EDS 结果可知，$160 \sim 220\,^{\circ}\mathrm{C}$ 内，富 Cr 层中 Cr 与 Fe 的原子比例分别为：0.228、0.165、0.156、0.115。由此可知，随着温度的升高，9Cr 钢中富 Cr 层中的 Cr/Fe 逐渐降低，富 Cr 层越来越疏松[25]。富 Cr 层的致密性受温度影响。$Cr(OH)_3$ 的溶解度($K_{sp}=6.3\times10^{-31}$)远小于 $FeCO_3$ 的溶解度($K_{sp}=3.13\times10^{-11}$)，使得 9Cr 钢的表面优先沉积许多 $Cr(OH)_3$，与此同时，也会生成少许 $FeCO_3$ 晶体[26]。温度的升高使得 Cr 和 Fe 的活性溶解加快，水膜中的 Cr^{3+} 和 Fe^{2+} 含量升高。基体中的 Fe 大量溶解而导致富 Cr 层变得疏松多孔。此时，侵蚀性的阴离子会穿透富 Cr 层中的孔洞而加速基体的溶解(图 3-70)，使得 $FeCO_3$ 晶体沉积在孔洞处。

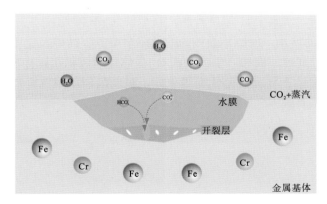

图 3-70　疏松多孔的富 Cr 层

随着温度的升高，9Cr 钢腐蚀产物中的 $FeCO_3$ 晶体数量增多。Cr^{3+} 的水解是吸热反应，温度升高会使 Cr^{3+} 的水解反应加速。Cr^{3+} 的水解会产生更多的 H^+，导致富 Cr 层表面附近水膜中的 pH 迅速降低[27]。水膜 pH 的降低会提高溶液中 $FeCO_3$ 的临界过饱和度。Zhang 等[28]认为 $FeCO_3$ 晶体的长大和形核过程取决于 $FeCO_3$ 的临界过饱和度。Sun 等[29]认为 $FeCO_3$ 临界过饱和度的升高会导致 $FeCO_3$ 晶体的形核速率大于长大速率。温度升高，离子反应加快，水膜中的 H^+ 含量升高，pH 降低，此时 $FeCO_3$ 的形核起主要作用，钢的表面形成致密的腐蚀产物膜，9Cr 钢腐蚀产物发生溶解。另外，$Cr(OH)_3$ 呈弱酸性，可以在弱酸的环境中稳定存在，而 $FeCO_3$ 会在弱酸的环境中溶解。

由 XPS 结果可知，13Cr 钢的表面存在 Cr 富集。低温时，由于富 Cr 层中含有更多的 Cr，Cr^{3+} 的水解将产生更多的 H^+，使得富 Cr 层附近水膜的 pH 降低。因此，富 Cr 层的表面基本没有 $FeCO_3$ 晶体沉积。富 Cr 层既抑制了侵蚀性离子的渗透，又降低了溶液中的 Fe^{2+} 的浓度 [图 3-71(a)]。由图 3-71(b) 可知，13Cr 钢的表面存在立方体状的 $FeCO_3$。随着温度的升高，基体中 Cr 和 Fe 的活性溶解加快，水膜中的 Cr^{3+} 和 Fe^{2+} 的含量升高，此时，富 Cr 层中既有非晶态的 $Cr(OH)_3$，也有晶态的 $FeCO_3$。

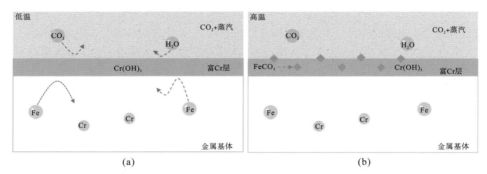

图 3-71   温度对 13Cr 钢腐蚀的影响

3.3.2   CO₂ 分压对腐蚀的影响分析

CO_2 分压的增加，式(3-2)和式(3-3)都会向右移动，导致水膜中 H^+ 浓度随着 CO_2 分压的增加而逐渐升高。水膜中 H^+ 浓度升高，将会使其 pH 降低。

随着 CO_2 分压的增加，$FeCO_3$ 晶体的数量逐渐增多，晶体尺寸逐渐减小，且 $FeCO_3$ 晶体相互交错生长。此时，腐蚀产生的 $FeCO_3$ 晶体逐渐沉积在试样的表面，其晶体数量越来越多，形成的腐蚀产物膜致密性变得更好，进而阻碍了腐蚀介质对基体的进一步侵蚀，导致了腐蚀速率的减小(图 3-72)。

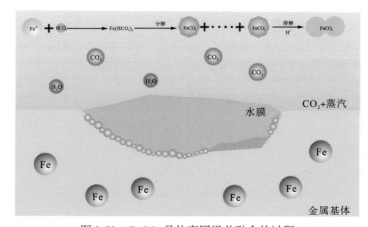

图 3-72 $FeCO_3$ 晶体变圆滑并融合的过程

220℃时，3Cr 钢的腐蚀产物主要为非晶态的 $Cr(OH)_3$。这可能是由于 Cr^{3+} 水解会产生大量的 H^+，从而导致基体界面处的 pH 迅速降低。含 Cr 钢腐蚀产物中的 $Cr(OH)_3$ 呈弱酸性，可以在 H_2CO_3 中稳定存在，而 $FeCO_3$ 会在弱酸环境中溶解，如图 3-73 所示[30]。

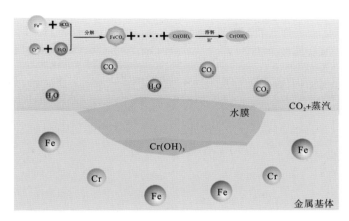

图 3-73　$Cr(OH)_3$ 的沉积

3.3.3　流速对 N80 钢腐蚀的影响分析

流体流过腐蚀产物膜表面时，一方面，高流速促进了腐蚀离子的传质过程。流速增大，使腐蚀性离子（H^+、HCO_3^- 和 CO_3^{2-}）更快速地扩散到电极表面，同时使腐蚀产生的 Fe^{2+} 迅速地离开金属表面，腐蚀反应加剧；另一方面，随着流速的增大，壁面切应力增大，由于 $FeCO_3$ 腐蚀产物膜与基体的结合较弱，腐蚀在壁面剪切力的作用下会从 N80 钢的表面剥落，腐蚀性离子（HCO_3^- 和 CO_3^{2-}）通过剥落的空隙处与基体接触[31,32]。

流体处于静止状态时，腐蚀产物膜中存在较多空隙。流体处于低流速状态时，部分腐蚀产物膜在流体冲刷的作用下产生脱落。流体处于高流速时，腐蚀产物膜破裂，基体产生裸露，腐蚀性离子与基体接触（图 3-74）。

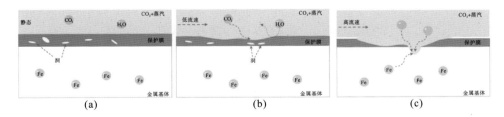

(a)　　　　　　　　　(b)　　　　　　　　　(c)

图 3-74　流速对 N80 钢腐蚀的影响

3.3.4　氯离子浓度对 13Cr 钢腐蚀的影响分析

氯离子浓度继续增大时，一方面水膜中的导电性增强，促进电荷的转移，使得吸附在基体表面的氯离子量逐渐增多；另一方面氯离子与二价铁离子发生水解形成络合物，促进了 Fe 和 Cr 的活性溶解[33,34]。图 3-75 是氯离子激活机制的示意图。由图 3-75 可知，氯离子与基体中的 Fe 原子形成 FeClOH，而 FeClOH 又容易分解为 Fe^{2+} 和 Cl^-。氯离子的激活作用使得 Fe 原子更容易变为 Fe^{2+}。随着氯离子浓度的增大，水膜中将会生成更多的 Fe^{2+}。此时，富 Cr 层中将会生成更多的 $FeCO_3$。

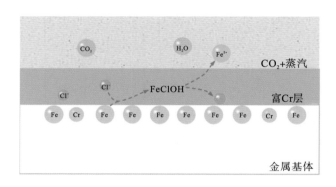

图 3-75   氯离子的激活机制机理图

富 Cr 层的致密性取决于 $Cr(OH)_3$ 的含量，$Cr(OH)_3$ 含量越高，富 Cr 层越致密，对基体的保护性也越好。然而，氯离子浓度的升高将使富 Cr 层中 $Cr(OH)_3$ 的占比减小，降低了富 Cr 层的保护性。

3.4   注气井主控腐蚀因素分析

CO_2 辅助蒸汽驱注气环境中，油套管主要受温度、CO_2 分压和流速的影响。为定量分析和探索温度、CO_2 分压、流速和氯离子浓度四种因素对腐蚀速率的影响程度[35]，现将腐蚀因素影响率定义为

$$\varPhi_i = \frac{v_{i,max}}{v_{T,max} + v_{p,max} + v_{f,max} + v_{Cl^-,max}} \times 100\% \tag{3-17}$$

式中，$\varPhi_i$ 是腐蚀因素影响率；$v_{i,max}$ 是材质在某一工况下的最大腐蚀速率；$v_{T,max}$ 是材质在不同温度条件 (T) 下的最大腐蚀速率；$v_{p,max}$ 是材质在不同 CO_2 分压 (p) 下的最大腐蚀速率；$v_{f,max}$ 是材质在不同流速 (f) 下的最大腐蚀速率；$v_{Cl^-,max}$ 是材质在不同氯离子浓度下的最大腐蚀速率；下标 i 为 T、p、f 或 Cl^-。

依据第 2 章中材质的实验结果，统计出材质在各因素下的最大腐蚀速率值，如表 3-4 所示。

表 3-4　四种材质在各因素下的最大腐蚀速率

管材	$v_{T,max}$ /(mm/a)	$v_{p,max}$ /(mm/a)	$v_{f,max}$ /(mm/a)	$v_{Cl^-,max}$ /(mm/a)
N80 钢	0.0737	0.0737	0.1078	0.1742
3Cr 钢	0.0488	0.0488	0.0847	0.0131
9Cr 钢	0.0387	0.0180	0.0257	0.0832
13Cr 钢	0.0380	0.0167	0.0223	0.0353

利用表 3-4 中材质在各因素下的最大腐蚀速率值，由式(3-17)计算出材质的腐蚀因素影响率，如表 3-5 所示。

表 3-5　四种材质的腐蚀因素影响率(%)

管材	Φ_T	Φ_p	Φ_f	Φ_{Cl^-}
N80 钢	17.163	17.163	25.105	40.568
3Cr 钢	24.974	24.974	43.347	6.704
9Cr 钢	23.370	10.870	15.519	50.242
13Cr 钢	33.838	14.871	19.858	31.434

图 3-76 是 N80 钢在不同工况下的腐蚀影响率。由图 3-76 可知，影响 N80 钢腐蚀的主要因素是流速和氯离子浓度。若新建注气井的油套管采用 N80 钢，由于注入蒸汽中基本不含氯离子，所以影响 N80 钢腐蚀的主要因素是流速。若在既有老井中采用 N80 钢，则影响 N80 钢腐蚀的主要因素是氯离子浓度。

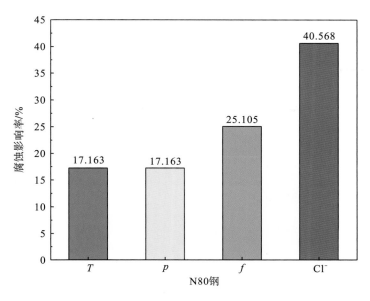

图 3-76　N80 钢在不同工况下的腐蚀影响率

图 3-77 是 3Cr 钢在不同工况下的腐蚀影响率。由图 3-77 可知，影响 3Cr 钢腐蚀的主要因素是流速。由于氯离子浓度对 3Cr 钢的影响非常小，在新建井和既有老井中都无须考虑氯离子的影响。

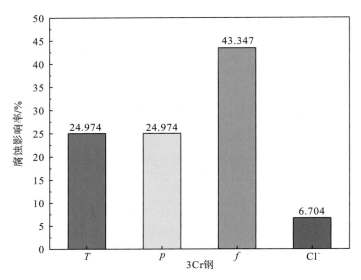

图 3-77   3Cr 钢在不同工况下的腐蚀影响率

图 3-78 是 9Cr 钢在不同工况下的腐蚀影响率。由图 3-78 可知，影响 9Cr 钢腐蚀的主要因素是氯离子。若新建注气井的油套管采用 9Cr 钢，由于注入蒸汽中基本不含氯离子，所以新建井中主要考虑的腐蚀因素是温度。若在既有老井中采用 9Cr 钢，则需要考虑的主要腐蚀因素是氯离子浓度。

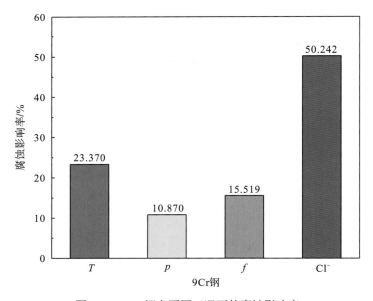

图 3-78   9Cr 钢在不同工况下的腐蚀影响率

　　图 3-79 是 13Cr 钢在不同工况下的腐蚀影响率。由图 3-79 可知，影响 13Cr 钢腐蚀的主要因素是温度和氯离子。若新建注气井的油套管采用 13Cr 钢，由于注入蒸汽中基本不含氯离子，所以新建井中主要考虑的腐蚀因素是温度。

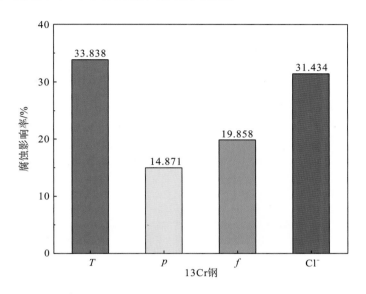

图 3-79　13Cr 钢在不同工况下的腐蚀影响率

3.5　注气井套管钢适用性评价

　　油套管的安全服役是油气井井筒结构完整性的重要指标。为了进一步研究注气井油套管钢的安全服役情况，定义了材质腐蚀安全系数。材质腐蚀安全系数是油田腐蚀控制指标与材质腐蚀速率的比值。材质腐蚀安全系数为

$$\varphi=\frac{0.076}{v_{i,\max}} \tag{3-18}$$

　　若 $\varphi>1$，说明材质处于安全服役状态；若 $\varphi<1$，说明材质处于危险服役状态。利用式 (3-18) 计算材质的腐蚀安全系数，如表 3-6 所示。

表 3-6　四种材质的腐蚀安全系数

管材	φ_T	φ_p	φ_f	φ_{Cl^-}
N80 钢	1.031	1.031	0.705	0.436
3Cr 钢	1.557	1.557	0.897	5.802
9Cr 钢	1.964	4.222	2.957	0.913
13Cr 钢	2.000	4.551	3.408	2.153

    图 3-80 是 N80 钢和 3Cr 钢在不同工况下的腐蚀安全系数。由图 3-80 可知，若注气井采用 N80 钢，在不同流速条件和不同氯离子浓度条件下，N80 钢处于危险服役状态。若采用 3Cr 钢，在不同流速条件下，3Cr 钢处于危险服役状态。

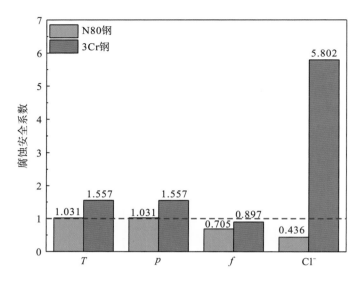

图 3-80　N80 钢和 3Cr 钢在不同工况下的腐蚀安全系数

    图 3-81 是 9Cr 钢和 13Cr 钢在不同工况下的腐蚀安全系数。由图 3-81 可知，任意工况下，13Cr 钢的腐蚀安全系数都高于 1，都处于安全服役状态。9Cr 钢在不同氯离子浓度条件下的腐蚀安全系数低于 1，说明 9Cr 钢在该工况条件下处于危险状态。

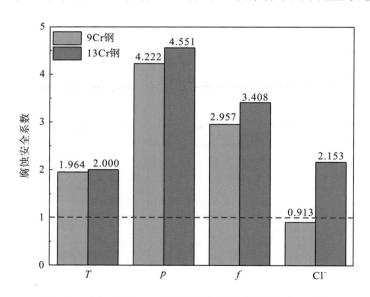

图 3-81　9Cr 钢和 13Cr 钢在不同工况下的腐蚀安全系数

对于新建的注气井，由于注入蒸汽中基本不含氯离子，可以忽略氯离子浓度对油套管的腐蚀，但是在既有老井中实施 CO_2 辅助蒸汽驱时还需考虑氯离子浓度的影响。CO_2 辅助蒸汽驱注气过程中，蒸汽和 CO_2 通过油管注入稠油储层。对于新建注气井，油管材质的选择考虑注气压力、温度和流速，而套管材质选择只考虑注气压力和温度。对于已有老井，油管材质的选择需要考虑注气压力、温度、流速和氯离子浓度。

表 3-7 是材质在 CO_2 辅助蒸汽驱注气井中的适用性。由表 3-7 可知，对于新建井，由于套管只考虑温度和 CO_2 分压，所以套管建议采用 N80 钢、3Cr 钢、9Cr 钢和 13Cr 钢；而油管还需要考虑流速，所以油管建议采用 9Cr 钢和 13Cr 钢。对于既有井，由于油管既要考虑流速的影响，还要考虑氯离子浓度的影响，所以油管建议采用 13Cr 钢。

表 3-7　不同材质在 CO_2 辅助蒸汽驱注气井中的适用性评价结果

井型	材质	温度	CO_2 分压	流速	氯离子浓度
新建井	N80 钢	√	√	×	—
	3Cr 钢	√	√	×	—
	9Cr 钢	√	√	√	—
	13Cr 钢	√	√	√	—
既有井	N80 钢	√	√	×	×
	3Cr 钢	√	√	×	√
	9Cr 钢	√	√	√	×
	13Cr 钢	√	√	√	√

注："√"表示材质适用于注气井；"×"表示材质不适用于注气井；"—"表示该井不考虑因素。

3.6　小　　结

(1) 在实验条件下，四种材质的腐蚀速率由大到小依次为 N80 钢＞3Cr 钢＞9Cr 钢＞13Cr 钢；随着温度(160～220℃)的升高，四种材质的腐蚀速率均先减小后增大，在 180℃ 时腐蚀速率达到最小值，220℃时腐蚀速率达到最大值，均满足油气田的腐蚀控制指标 0.076mm/a；随着 CO_2 分压(1～4MPa)的升高，四种材质的腐蚀速率均先增大后减小，N80 钢和 3Cr 钢在 2MPa 时腐蚀速率达到最大值，9Cr 钢和 13Cr 钢在 3MPa 时腐蚀速率达到最大值，均满足油气田的腐蚀控制指标 0.076mm/a；随着流速(3～6m/s)的升高，四种材质的腐蚀速率均增大，其中，N80 钢的腐蚀速率均大于 0.076mm/a，含 Cr 钢的腐蚀速率基本满足油气田腐蚀控制指标 0.076mm/a；随着氯离子浓度(1000～3000mg/L)的升高，四种材质的腐蚀速率逐渐增大，N80 钢的腐蚀速率均大于 0.076mm/a，含 Cr 钢的腐蚀速率基本满足油气田腐蚀控制指标 0.076mm/a；N80 钢的腐蚀产物主要为 $FeCO_3$ 和 Fe_2O_3，含 Cr 钢的腐蚀产物由 $Cr(OH)_3$、Cr_2O_3、$FeCO_3$ 和 Fe_2O_3 构成。

(2) 温度主要影响液滴在钢表面的吸附量和 $FeCO_3$ 晶体的形核、长大和溶解速率，进而影响材质的腐蚀过程；液滴在吸附过程中需要吸收大量的热量，升高温度将导致更多的液滴吸附于钢的表面，吸附的液滴在钢的表面形成水膜，进而在水膜区域内产生 CO_2 腐蚀；温度决定 $FeCO_3$ 晶体的形核、长大速率及 $FeCO_3$ 的溶解速率，而晶体的形核、长大速率及 $FeCO_3$ 的溶解速率决定腐蚀产物膜的形貌，腐蚀产物膜的形貌将进一步影响腐蚀速率；9Cr 钢和 13Cr 钢的耐腐蚀性依赖富 Cr 层的致密性，而温度则影响富 Cr 层的致密性。温度越高，富 Cr 层越疏松，9Cr 钢和 13Cr 钢的耐腐蚀性越差。

（3）CO_2 分压主要影响 $FeCO_3$ 的沉积和溶解过程，进而影响了 3Cr 钢腐蚀产物膜的致密性，进而影响 3Cr 钢的腐蚀速率；流速主要影响腐蚀性离子的传质过程和腐蚀产物膜的完整性，低流速时 N80 钢的腐蚀过程以离子的扩散过程为主；高流速时 N80 钢的腐蚀过程主要取决于腐蚀产物膜的完整性；氯离子主要影响金属基体中 Fe 原子的活跃度，氯离子将激活金属基体中的 Fe 原子，使富 Cr 层中生成更多的 $FeCO_3$，富 Cr 层的致密性降低，即 13Cr 钢的耐腐蚀性变差。

（4）CO_2 辅助蒸汽驱注气过程中，影响 N80 钢腐蚀的主要因素是流速和氯离子浓度；影响 3Cr 钢腐蚀的主要因素是流速；影响 9Cr 钢腐蚀的主要因素是氯离子浓度；影响 13Cr 钢腐蚀的主要因素是温度和氯离子浓度；对于新建井，套管建议采用 N80 钢、3Cr 钢、9Cr 钢和 13Cr 钢；油管建议采用 9Cr 钢和 13Cr 钢。对于既有井，油管建议采用 13Cr 钢。

参 考 文 献

[1] Zhao D W, Wang J, Gates I D. Thermal recovery strategies for thin heavy oil reservoirs[J]. Fuel, 2014, 117(1): 431-441.

[2] 崔瑞杰. 蒸汽驱后期二氧化碳辅助蒸汽驱实验研究[D]. 大庆：东北石油大学, 2016.

[3] 刘尚奇, 杨双虎, 高永荣, 等. CO₂辅助直井与水平井组合蒸汽驱技术研究[J]. 石油学报, 2008, 29(3): 414-417, 422.

[4] Xu L N, Guo S Q, Gao C L, et al. Influence of microstructure on mechanical properties and corrosion behavior of 3% Cr steel in CO₂ environment[J]. Materials and Corrosion, 2012, 63(11): 997-1003.

[5] Choi Y S, Nesic S, Young D. Effect of impurities on the corrosion behavior of CO₂ transmission pipeline steel in supercritical CO₂-water environments[J]. Environmental Science and Technology, 2010, 44(23): 9233-9238.

[6] Guo S Q, Xu L N, Zhang L, et al. Corrosion of alloy steels containing 2% chromium in CO₂ environments[J]. Corrosion Science, 2012, 63: 246-258.

[7] Zhang G A, Cheng Y F. Localized corrosion of carbon steel in a CO₂-saturated oilfield formation water[J]. Electrochimica Acta, 2011, 56(3): 1676-1685.

[8] 朱达江, 刘晓旭, 林元华, 等. 高温高压酸性气井油套管钢在超临界 CO₂ 环境下的腐蚀行为[J]. 材料保护, 2017, 50(3): 79-84.

[9] 陈长风, 路民旭, 赵国仙, 等. N80 油套管钢 CO₂ 腐蚀产物膜特征[J]. 金属学报, 2002, 38(4): 411-416.

[10] 李金灵, 朱世东, 屈撑囤, 等. J55 油套管钢腐蚀影响因素研究[J]. 腐蚀科学与防护技术, 2014, 26(1): 60-64.

[11] Hua Y, Barker R, Neville A. Effect of temperature on the critical water content for general and localised corrosion of X65 carbon steel in the transport of supercritical CO₂[J]. International Journal of Greenhouse Gas Control, 2014, 31(2): 48-60.

[12] Liu H W, Gu T Y, Zhang G A, et al. Corrosion inhibition of carbon steel in CO₂-containing oilfield produced water in the presence of iron-oxidizing bacteria and inhibitors[J]. Corrosion Science, 2016, 105: 149-160.

[13] Guo S，Xu L，Chang W，et al. Experimental study of CO_2 corrosion of 3Cr pipe line steel[J]. Acta Metallurgica Sinica，2011，47(8)：1067-1074.

[14] Guo S Q，Xu L N，Zhang L，et al. Characterization of corrosion scale formed on 3Cr steel in CO_2-saturated formation water[J]. Corrosion Science，2016，110：123-133.

[15] Gao M，Pang X，Gao K. The growth mechanism of CO_2 corrosion product films[J]. Corrosion Science，2011，53(2)：557-568.

[16] Tang Y，Guo X P，Zhang G A. Corrosion behaviour of X65 carbon steel in supercritical-CO_2 containing H_2O and O_2 in carbon capture and storage(CCS)technology[J]. Corrosion Science，2017，118：118-128.

[17] Pfennig A，Kranzmann A. Effect of CO_2 and pressure on the stability of steels with different amounts of chromium in saline water[J]. Corrosion Science，2012，65：441-452.

[18] Wu Q L，Zhang Z H，Dong X M，et al. Corrosion behavior of low-alloy steel containing 1% chromium in CO_2 environments[J]. Corrosion Science，2013，75(7)：400-408.

[19] Liu H W，Gu T Y，Zhang G A，et al. The effect of magneticfield on biomineralization and corrosion behavior of carbon steel induced by iron-oxidizing bacteria[J]. Corrosion Science，2016，102：93-102.

[20] Yong H，Barker R，Neville A. Comparison of corrosion behaviour for X-65 carbon steel in supercritical CO_2-saturated water and water-saturated/unsaturated supercritical CO_2 [J]. Journal of Supercritical Fluids，2015，97：224-237.

[21] 魏亮，庞晓露，高克玮. X65钢在含超临界 CO_2 的NaCl溶液中腐蚀机制的讨论[J]. 金属学报，2015，51(6)：701-712.

[22] Chen C F，Chang W F，Zhang Z H，et al. Effect of chromium on the pitting resistance of oil tube steel in a carbon dioxide corrosion system[J]. Corrosion，2005，61(6)：594-601.

[23] Wei L，Pang X L，Gao K W. Effect of small amount of H_2S on the corrosion behavior of carbon steel in the dynamic supercritical CO_2 environments[J]. Corrosion Science，2016，103：132-144.

[24] Lin X Q，Liu W，Wu F，et al. Effect of O_2 on corrosion of 3Cr steel in high temperature and high pressure CO_2-O_2 environment[J]. Applied Surface Science，2015，329：104-115.

[25] Xu L，Wang B，Zhu J Y，et al. Effect of Cr content on the corrosion performance of low-Cr alloy steel in a CO_2 environment[J]. Applied Surface Science，2016，379：39-46.

[26] Sun J B，Sun C，Wang Y. Effects of O_2 and SO_2 on water chemistry characteristics and corrosion behavior of X70 pipeline steel in supercritical CO_2 transport system[J]. Industrial & Engineering Chemistry Research，2018，57(6)：2365-2375.

[27] Sun J B，Sun C，Wang Y. Effect of Cr content on the electrochemical behavior of low-chromium X65 steel in CO_2 environment[J]. International Journal of Electrochemical Science，2016，11(10)：8599-8611.

[28] Zhang G A，Zeng Y，Guo X P，et al. Electrochemical corrosion behavior of carbon steel under dynamic high pressure H_2S/CO_2 environment[J]. Corrosion Science，2012，65(12)：37-47.

[29] Sun C，Sun J B，Wang Y，et al. Effect of impurity interaction on the corrosion film characteristics and corrosion morphology evolution of X65 steel in water-saturated supercritical CO_2 system[J]. International Journal of Greenhouse Gas Control，2017，65：117-127.

[30] Wei L，Pang X L，Liu C，et al. Formation mechanism and protective property of corrosion product scale on X70 steel under supercritical CO_2 environment[J]. Corrosion Science，2015，100：404-420.

[31] Hua Y，Barker R，Neville A. The effect of O_2 content on the corrosion behaviour of X65 and 5Cr in water-containing supercritical CO_2 environments[J]. Applied Surface Science，2015，356(52)：499-511.

［32］ Zhang G A，Zeng L，Huang H L，et al. A study of flow accelerated corrosion at elbow of carbon steel pipeline by array electrode and computational fluid dynamics simulation［J］. Corrosion Science，2013，77：334-341.

［33］ Zhang N Y，Zeng D Z，Xiao G Q，et al. Effect of Cl⁻ accumulation on corrosion behavior of steels in H_2S/CO_2 methyldiethanolamine(MDEA) gas sweetening aqueous solution［J］. Journal of Natural Gas Science & Engineering，2016，30：444-454.

［34］ Liu Q Y，Mao L J，Zhou S W. Effects of chloride content on CO_2 corrosion of carbon steel in simulated oil and gas well environments［J］. Corrosion Science，2014，84(84)：165-171.

［35］ Sun C，Sun J B，Wang Y，et al. Synergistic effect of O_2，H_2S and SO_2 impurities on the corrosion behavior of X65 steel in water-saturated supercritical CO_2 system［J］. Corrosion Science，2016，107：193-203.

第4章 CO₂驱采出井管杆腐蚀规律研究 及防护措施

CO₂驱油已成为实现经济发展和环境保护双赢的有效途径。目前，我国西北准噶尔盆地新疆油田已广泛采用 CO₂ 驱开采稠油油藏[1]。新疆油田稠油储量丰富，达 21287.21 万 t。因此，CO₂ 驱在新疆油田具有显著的应用前景。CO₂ 是一种高效驱替剂，可将地层中的原油驱至生产井。此外，CO₂ 驱油还可以实现 CO₂ 储存和减少碳排放。尽管如此，CO₂驱油仍有一些问题有待解决，尤其是生产井的腐蚀。

迄今为止，CO₂ 腐蚀一直是石油工业研究的热点领域。学术界对油管在 CO₂ 环境或超临界 CO₂ 环境中的腐蚀进行了详细研究。然而，在复杂环境中使用的油管涉及多种腐蚀因素，油管的腐蚀失效是由多种因素的耦合作用造成的[2-4]。为了解决油管的 CO₂ 腐蚀问题，油田公司已尝试采取防腐措施来避免油管的腐蚀失效，如缓蚀剂、耐腐蚀合金油管、涂层和阴极保护[5]。其中，缓蚀剂和耐腐蚀合金钢是油管最常用的防腐措施。此外，许多学者也对适用于 CO₂ 腐蚀环境的缓蚀剂进行了深入研究。虽然许多学者已经开发出各种适用于油井的新型缓蚀剂，但这些缓蚀剂是否适用于 CO₂ 驱以及如何选择最合适的缓蚀剂是油田企业面临的迫切问题。

本章首先，用模拟 CO₂ 驱采油井的腐蚀环境，确定了影响油管和 D 级杆腐蚀的主要因素；其次，在苛刻的环境中进行了材料优化实验；最后，利用 D 级杆的腐蚀寿命预测模型和新型油管剩余寿命计算模型预测了不同材料油管和 D 级杆的安全服役寿命。此外，通过对缓蚀剂的快速评估，确定了适合该井的缓蚀剂类型和浓度，并通过比较建立的经济模型，选择了缓蚀剂和耐腐蚀合金钢等防腐措施。

4.1 CO₂驱采出井管杆腐蚀规律研究

4.1.1 采出井腐蚀环境分析

本章通过对新疆油田资料的分析，确定了腐蚀因素，包括井筒温度、氯离子浓度和 CO₂ 分压[6,7]。因此，在考虑各种腐蚀因素后，制定出采出井的实验计划，如表 4-1 所示。

表 4-1   实验计划

影响因素	CO_2 分压/MPa	温度/℃	氯离子浓度/(mg/L)	时间/h
温度	0.1	60 75 90 105 120	2000	72
CO_2 分压	0.1 0.2 0.3	90	2000	72
氯离子浓度	0.1	90	1000 2000 3000	72

4.1.2   实验过程

1. 材料和溶液

将 N80 钢和 3Cr 钢管切割成试样,其化学成分如表 4-2 所示。根据 ASTM 标准,将每个样品加工成 30mm×15mm×3mm 的薄片,并使用碳化硅砂纸(200#、400#、600#、800#、1200#)抛光样品表面,以消除机械加工划痕。样品用石油醚脱脂,用酒精冲洗并用冷空气干燥。

表 4-2   N80 钢和 3Cr 钢的化学成分(%)

钢	C	Si	Mn	P	S	Cr	Mo	Ni	Nb	Ti	O	Fe
N80 钢	0.24	0.22	1.19	0.013	0.004	0.036	0.021	0.028	—	—	—	余量
3Cr 钢	0.05	0.20	0.50	<0.012	<0.006	3.00	0.2	—	0.04	0.02	<0.02	余量

为了更好地模拟井筒环境,采用新疆油田提供的油田采出水作为腐蚀溶液。通过添加 NaCl 的量来调整采出液中氯离子的不同浓度(表 4-3)。实验溶液在用于失重实验之前用氮气脱氧 24h。

表 4-3   添加的氯化钠量

溶液中氯离子的浓度/(mg/L)	添加的氯化钠量/(mg/L)
1000	0
2000	1650
3000	3300

2. 失重测试

采用自主设计的高温高压釜(由 C276 合金制成，容量为 4.5L)进行模拟腐蚀实验(图 4-1)。

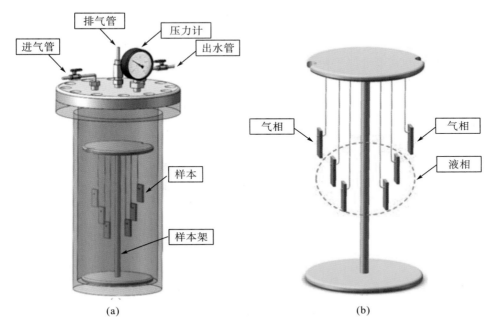

图 4-1 高温高压釜和样品架

首先，将样品悬挂在高温高压釜中相应位置的支架上。将腐蚀性溶液添加到高温高压釜中，以确保部分样品处于气相，其余完全浸入液相(图 4-1)。然后，将高温高压釜密封，并通入纯氮气鼓泡 3h 来充分除氧。将高温高压釜加热至设定实验温度后，将 CO₂ 通入高温高压釜，直至设定实验压力。最后将高温高压釜通电，正式开始实验。实验参数如表 4-1 所示。

每次腐蚀实验完成后，从高压灭菌器中取出的样品用去离子水清洗，并在冷空气中干燥。在 0.1L 盐酸(1.19g/cm³)、0.9L 蒸馏水和 10g 六甲基四胺的溶液中去除这三个样品表面的腐蚀垢。然后用蒸馏水冲洗这些样品，用酒精脱水并在空气中干燥。其余三个样品用于观察腐蚀垢的形态并分析其成分。

实验前后，在电子天平中称量样品质量，精确度为 0.1mg。根据式(4-1)计算腐蚀速率：

$$v=87600\frac{\Delta m}{\rho A\Delta t} \tag{4-1}$$

式中，v 是腐蚀速率，mm/a；Δm 是质量损失，g；ρ 是材料密度，g/cm³；A 是总暴露表面积，cm²；Δt 是总暴露时间(h)。

3. 表面观察及成分分析

通过扫描电子显微镜（Jeol，SEM JSM-6510A，日本）观察样品的表面形态和横截面图像。采用加速电压为 20kV 的能谱仪分析腐蚀垢的元素分布。通过 X 射线衍射（CuKα，λ=0.154mm，Rigaku XRD，日本 D/Max-B 型）和 X 射线光电子能谱（ESCALAB，250Xi XPS，美国）分析腐蚀垢的成分。

4.1.3　采出井油管腐蚀行为分析

1. 失重腐蚀

图 4-2 为 N80 钢和 3Cr 钢在液相和气相环境中的腐蚀速率。显然，N80 钢和 3Cr 钢在气相中的腐蚀速率都小于液相。此外，随着温度的升高，N80 钢和 3Cr 钢的腐蚀速率先增大后减小。与之前的结果不同，3Cr 钢在气相中的几乎所有腐蚀速率都大于 N80钢。随着 CO₂ 分压和氯离子浓度的升高，N80 钢和 3Cr 钢在气相和液相中的腐蚀速率均增大。

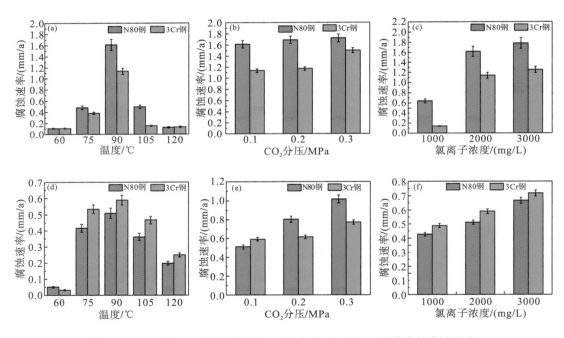

图 4-2　N80 钢和 3Cr 钢在液相（a～c）和气相（d～f）CO₂ 环境中的腐蚀速率

2. 腐蚀主控因素分析

采出井油管腐蚀主要受温度、CO₂ 分压和氯化物浓度的影响[8-10]。为了进一步定量分析各种因素对油管腐蚀的影响，腐蚀因素的影响率定义为

$$I_{T} = \frac{|V_{T} - V_{o}|_{\max}}{|V_{T} - V_{o}|_{\max} + |V_{p} - V_{o}|_{\max} + |V_{C1} - V_{o}|_{\max}} \tag{4-2}$$

$$I_{p} = \frac{|V_{p} - V_{o}|_{\max}}{|V_{T} - V_{o}|_{\max} + |V_{p} - V_{o}|_{\max} + |V_{C1} - V_{o}|_{\max}} \tag{4-3}$$

$$I_{C1} = \frac{|V_{C1} - V_{o}|_{\max}}{|V_{T} - V_{o}|_{\max} + |V_{p} - V_{o}|_{\max} + |V_{C1} - V_{o}|_{\max}} \tag{4-4}$$

式中，V_T是温度的影响指标；V_p是 CO_2 分压的影响指标；V_{C1}是氯化物的影响指数；V_o是在一定实验条件下的最大腐蚀速率；$|V_T-V_o|$是不同温度下各点腐蚀速率与公共点腐蚀速率之差的最大绝对值；$|V_p-V_o|$是不同 CO_2 分压下各点腐蚀速率与公共点腐蚀速率之差的最大绝对值；$|V_{C1}-V_o|$是不同氯化物浓度下各点腐蚀速率与公共点腐蚀速率之差的最大绝对值[11]。

图 4-3 为 N80 钢和 3Cr 钢在液相和气相环境中的腐蚀影响指数。温度对 N80 钢液相腐蚀有显著影响，其次是氯离子浓度，而 CO_2 分压的影响几乎可以忽略不计[图 4-3(a)]。然而，温度和 CO_2 分压成为 N80 钢气相腐蚀的主要影响因素，而氯离子浓度的影响相对较低[图 4-3(b)]。对于 3Cr 钢，温度和氯离子浓度对液相中的钢有很大影响[图 4-3(c)]，而在气相中，只有温度是主要因素[图 4-3(d)]。

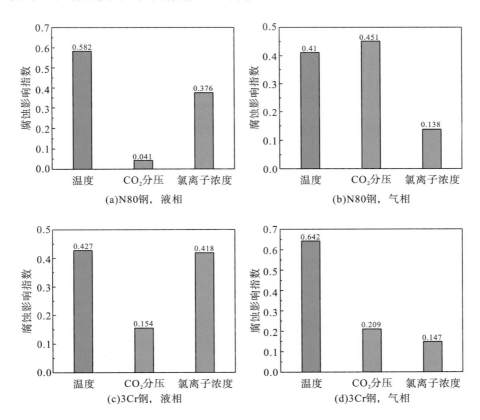

图 4-3　N80 钢和 3Cr 钢在液相和气相环境中的腐蚀影响指数

3.腐蚀产物膜特征

图 4-4 为 N80 钢和 3Cr 钢在不同温度下暴露于 CO_2 环境中的 SEM/EDS 图。结果表明，N80 钢在气相和液相中的腐蚀产物相似，均为立方晶体。此外，可以观察到，气相中立方晶体的尺寸相对较小，导致 N80 钢表面生成致密的腐蚀产物。值得注意的是，3Cr 钢在气相和液相中的腐蚀产物特征存在显著差异。3Cr 钢液相腐蚀产物由非晶态腐蚀产物和少量立方晶体组成。EDS 结果表明，除 90℃外，所有 3Cr 钢的液相表面均出现 Cr 富集。此外，3Cr 钢表面沉积了大量以 Fe、C 和 O 元素为主的立方晶体。

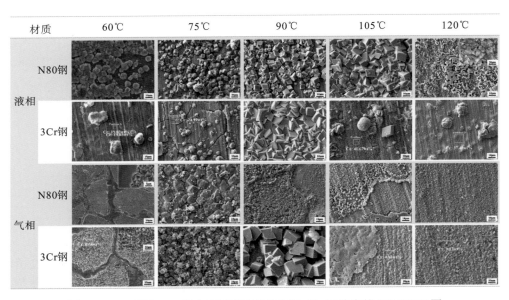

图 4-4　N80 钢和 3Cr 钢在不同温度下暴露于 CO_2 环境中的 SEM/EDS 图

图 4-5 为 N80 钢和 3Cr 钢在 90℃气相 CO_2 环境中的横截面和元素分布图。如图 4-5 所示，N80 钢腐蚀产物膜的平均厚度为 22.14μm，略低于 3Cr 钢的腐蚀产物膜平均厚度（26.42μm）。此外，可以看出，3Cr 钢中的 Cr 元素主要集中在内层的局部区域，而 O 元素则集中在外层。

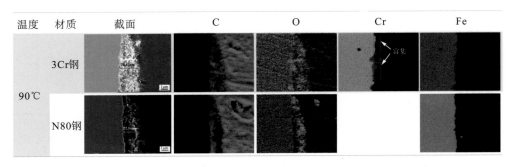

图 4-5　N80 钢和 3Cr 钢在 90℃气相 CO_2 环境中的横截面和元素分布图

图 4-6 为 N80 钢和 3Cr 钢在气相和液相 CO₂ 环境中腐蚀产物的 XRD 谱。XRD 结果表明，N80 钢和 3Cr 钢的腐蚀产物由 FeCO₃ 组成。此外，还发现液相中 FeCO₃ 峰的数量多于气相。

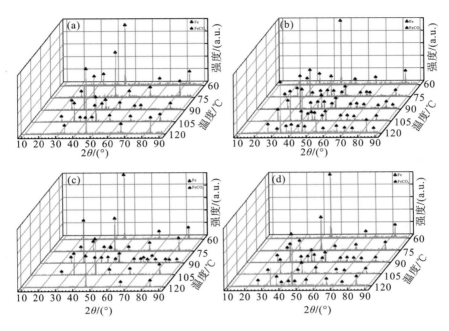

图 4-6　N80 钢(a，b)和 3Cr 钢(c，d)在气相(a，c)和液相(b，d)CO₂ 环境中腐蚀产物的 XRD 谱

为了进一步研究暴露于 CO₂ 环境中的 3Cr 钢的成分，用 XPS 进一步测试了腐蚀产物。图 4-7 为 3Cr 钢在 90℃气相 CO₂ 环境中腐蚀产物的 XPS 结果。3Cr 钢腐蚀层中的主要元素为 Fe、C、O 和 Cr。C 拟合谱中有一个峰值为 C 1s 284.6，对应于不定型碳。Fe 2p 谱有两对拟合峰，分别为 Fe $2p_{1/2}$(724.65eV)、Fe $2p_{3/2}$(710.7eV)，这可能是由于 FeCO₃ 的存在。Cr 的光谱在峰值处呈现 Cr $2p_{1/2}$(587.0eV)和 Cr $2p_{3/2}$(577.1eV)，对应于 Cr(OH)₃ 和 Cr₂O₃。O 1s 光谱可分为两个峰，分别对应于 Cr(OH)₃、FeCO₃ 和 Cr₂O₃，分别为 531.8eV 和 530.65eV。从以上结果可以看出，3Cr 钢的腐蚀层由非晶态 FeCO₃、Cr(OH)₃ 和 Cr₂O₃ 组成。

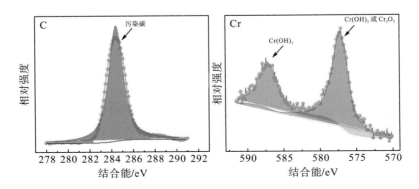

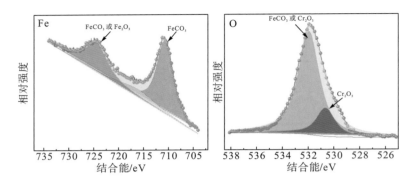

图 4-7　3Cr 钢在 90℃气相 CO₂ 环境中腐蚀产物的 XPS 结果

4.1.4　采出井 D 级杆的腐蚀行为分析

1. D 级杆腐蚀速率

D 级杆在 CO₂驱模拟生产井环境中进行失重腐蚀实验，并计算腐蚀速率，如图 4-8 所示。随着温度的升高，D 级杆的腐蚀速率先增大后减小[图 4-8(a)]。当 CO₂ 分压增加时，D 级杆的腐蚀速率也随着增大。随着氯离子浓度增加，腐蚀速率也会增大[图 4-8(c)]。当氯离子浓度从 1000mg/L 增加到 2000mg/L 时，D 级杆的腐蚀速率从 0.3362mm/a 增加到 0.9391mm/a，说明临界点为 2000mg/L。值得注意的是，D 级杆在模拟 CO₂ 驱中的腐蚀速率大于 0.076mm/a。因此，必须对生产井采取防腐措施，以确保 D 级杆的安全运行。

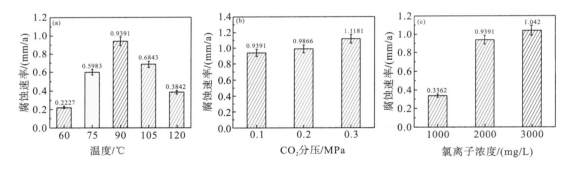

图 4-8　D 级杆在 CO₂驱中的腐蚀速率

2. D 级杆腐蚀主控因素分析

图 4-9 为采油井 D 级杆腐蚀影响指数。温度和氯离子浓度对钢的腐蚀影响显著，而 CO₂ 分压的影响最小。因此，有必要在采油过程中监测井筒温度的变化和采出水中氯离子的含量。

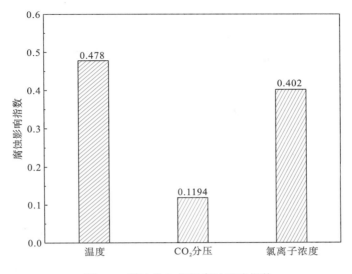

图 4-9　采油井 D 级杆腐蚀影响指数

3. D 级杆腐蚀产物特征

图 4-10 为不同温度下 D 级杆的表面和横截面形貌。显然，在不同的温度下，表面立方晶体的分布有很大的不同。在 90℃时，钢表面覆盖着大量致密的立方晶体，而在 120℃和 150℃时，沿机械加工痕迹存在少量立方晶体。图 4-11 为腐蚀产物膜的厚度和内层 Cr 含量：D 级杆的腐蚀产物膜厚度先增大后减小，这与失重腐蚀速率的结果一致；内膜中的 Cr 含量随着温度的升高而增加，特别是在高温环境下，说明温度促进了 Cr 化合物的形成。图 4-12 为 D 级杆在 90℃和 120℃下腐蚀产物膜的元素分布，D 级杆在 120℃时产生明显的 Cr 富集。

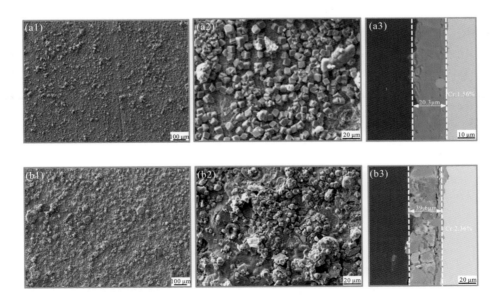

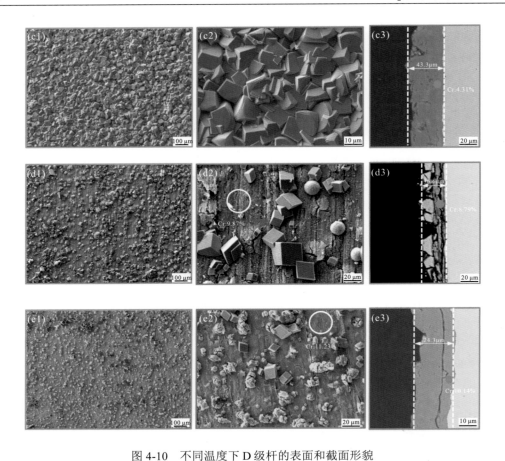

图 4-10   不同温度下 D 级杆的表面和截面形貌

注：(a1)～(a3)为 60℃；(b1)～(b3)为 75℃；(c1)～(c3)为 90℃；(d1)～(d3)为 105℃；(e1)～(e3)为 120℃

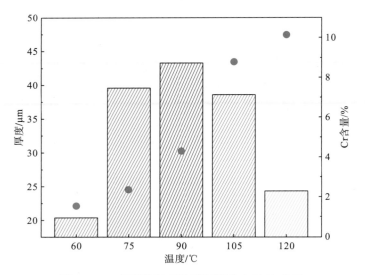

图 4-11   D 级杆腐蚀产物膜厚度及内层 Cr 含量

注：柱状图为厚度与温度的关系；散点图为 Cr 含量与温度的关系

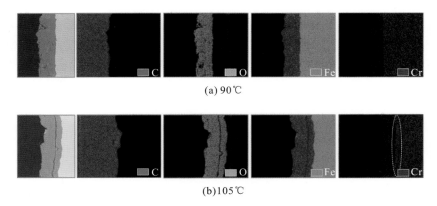

(a) 90℃

(b)105℃

图 4-12　D 级杆在不同温度下腐蚀产物的元素分布

　　图 4-13 为 D 级杆在不同 CO$_2$ 分压下的表面和横截面形貌。在不同 CO$_2$ 分压下，钢表面腐蚀产物的表面和截面形貌相似，均为立方晶体。随着 CO$_2$ 分压的增加，立方晶体的尺寸减小，立方晶体的数量增加。

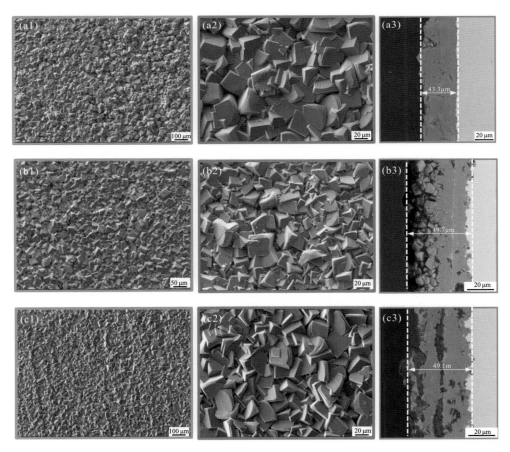

图 4-13　D 级杆在不同 CO$_2$ 分压下的表面和截面形貌

注：(a1)～(a3)CO$_2$ 分压为 0.1MPa；(b1)～(b3)CO$_2$ 分压为 0.2MPa；(c1)～(c3)CO$_2$ 分压为 0.3MPa

图 4-14 为 D 级杆在不同氯离子浓度下的表面和横截面形貌。当氯离子浓度为1000mg/L 时，表面仅分散少量腐蚀产物，表面也可观察到加工划痕。这是一个非常有趣的现象，EDS 的主要元素导致平坦区域(区域 2)包括 Cr、Fe、O 和 C 元素，并且 Cr 在该区域富集。此外，小晶体的 EDS 结果中出现了 Cl 元素(区域 1)。因此，可以推断 Cl 是影响晶体沉积的重要因素。然而，一旦氯离子浓度达到 2000mg/L，由 Fe、C 和 O 元素组成的典型立方晶体就会覆盖在表面，这表明溶液中的氯离子促进立方晶体的形成。此外，在高浓度氯离子环境中，腐蚀产物膜疏松且多孔，而其厚度保持不变[12,13]。

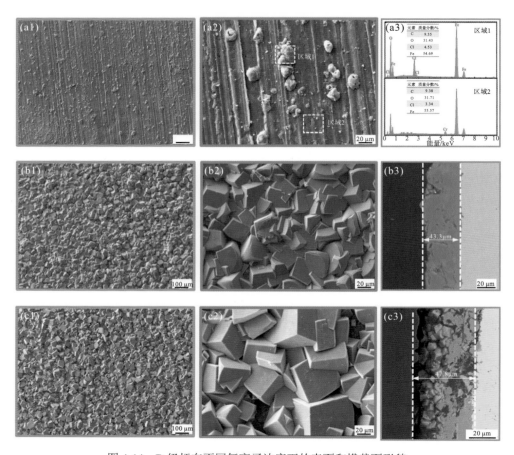

图 4-14　D 级杆在不同氯离子浓度下的表面和横截面形貌

注：(a1)～(a3)氯离子浓度为 1000mg/L；(b1)～(b3)氯离子浓度为 2000mg/L；(c1)～(c3)氯离子浓度为 3000mg/L

4. D 级杆腐蚀产物成分

图 4-15 为不同条件下 D 级杆表面形成的腐蚀产物的 XRD 结果。通过 JADE 6.0 软件确定 $FeCO_3$ 和 Fe 衍射峰，以分析 XRD 数据。XRD 结果表明，D 级杆的腐蚀产物由 $FeCO_3$ 组成。此外，还发现液相中 $FeCO_3$ 峰的数量多于气相。

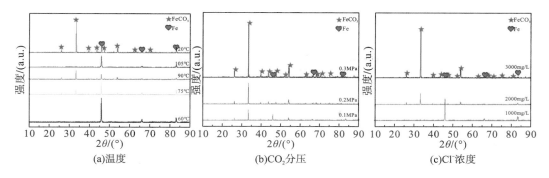

图 4-15　不同条件下 D 级杆表面形成的腐蚀产物的 XRD 结果

4.1.5　D 级杆有限寿命预测模型

1. D 级杆有限寿命预测模型的建立

通过室内腐蚀实验可得出 D 级杆的均匀腐蚀速率，并根据 API 规范 5CT 标准建立了考虑均匀腐蚀的 D 级杆寿命计算方法[14]。

对于某一段 D 级杆，需要承受各种载荷，主要包括油管的载荷、液柱的静载荷和动载荷。在 D 级杆的整个工作过程中，D 级杆的重量始终作用在垂直方向上。然而，在下冲程过程中，有杆泵的行走阀被打开，因此油管内流体的浮力会作用于 D 级杆。当时，D 级杆上的力是其重力和油管中流体浮力的总和。在加大冲程装置的抽油过程中，由于有杆泵的行走阀关闭，油管内流体的浮力不能作用于泵送[15-17]。

上冲程期间 D 级杆上的静载荷为

$$W_r = f_r \rho_s gL \tag{4-5}$$

下冲程期间 D 级杆上的静载荷为

$$W_r' = f_r(\rho_s - \rho_l)gL \tag{4-6}$$

式中，W_r、W_r' 为上、下冲程作用在 D 级杆柱上的静载荷，N；g 为重力加速度，m/s²；f_r 为 D 级杆柱面积，m²；L 为下方抽油管的长度，m；ρ_s、ρ_l 为 D 级杆柱和油管内流体的密度，kg/m³。

在加大冲程期间，油管中的流体通过柱塞作用在 D 级杆上。行走阀打开，流体负载直接作用在下冲程中的油管上。

在加大冲程期间，作用在 D 级杆上的油管中的静水压载荷为

$$W_l = (f_p - f_r)\rho_l gL \tag{4-7}$$

式中，W_l 为作用在 D 级杆管柱上的静水压载荷，N；f_p 为柱塞截面积，m²。

在上冲程和下冲程中，由于 D 级杆和油管中的流体以变速运动，因此在这两个过程中都会产生惯性力。惯性力与 D 级杆的运动方向相反，与 D 级杆的加速度成正比。在上冲程过程中，前半段的加速度与 D 级杆的速度方向相同，惯性力增加了 D 级杆的受力。后半段的加速度与 D 级杆相反，惯性力降低了 D 级杆的受力。在向下冲程中，它与向上冲程相反。惯性力在前半段减小了 D 级杆上的力，而在后半段增大了 D 级杆上的力[18]。

D级杆惯性力为

$$I_r = \frac{W_r}{g} a \tag{4-8}$$

油管中流体的惯性力为

$$I_1 = \frac{W_1}{g} a\varepsilon \tag{4-9}$$

$$\varepsilon = \frac{f_p - f_r}{f_{tf} - f_r} \tag{4-10}$$

式中，a 为油管加速度，m/s^2；ε 为油管通流截面变化引起的液柱加速度变化系数；f_{tf} 为油管通流截面面积，m^2。

将 D 级杆的运动简化为简谐运动，曲柄半径与连杆长度之比为 1/4。因此，在加大冲程期间，由 D 级杆和油管中的流体引起的惯性载荷为

$$I_{ru} = W_r \frac{sn^2}{1440} \tag{4-11}$$

$$I_{lu} = W_1 \frac{sn^2}{1440} \varepsilon \tag{4-12}$$

下冲程期间油管柱产生的惯性载荷 I_{rd} 为

$$I_{rd} = -W_r \frac{sn^2}{2390} \tag{4-13}$$

然而，在下冲程期间，油管中的流体没有移动，D 级杆没有惯性负载。因此，D 级杆的最大载荷 P_{max} 出现在上冲程，最小载荷 P_{min} 出现在下冲程。

$$P_{max} = W_r + W_1 + I_{ru} + I_{lu} \tag{4-14}$$

$$P_{min} = W_r' + I_{rd} \tag{4-15}$$

根据奥金格公式，许用应力应大于换算应力：

$$\delta \geqslant \delta_c \tag{4-16}$$

降低的应力与循环应力的应力幅度有关。

$$\delta_c = \sqrt{\delta_a \delta_{max}} \tag{4-17}$$

$$\delta_a = \frac{P_{max} - P_{min}}{2f_r} \tag{4-18}$$

式中，δ 为许用应力，N·mm^{-2}；δ_c 为折算应力，N·mm^{-2}；δ_a 为循环应力，N·mm^{-2}。

由于腐蚀，承受应力的 D 级杆的有效截面积逐渐减小，导致 D 级杆无法承受载荷而断裂。因此，有效横截面面积为

$$f_r' = \sqrt{\frac{P_{max}^2 - P_{max}P_{min}}{2\delta_c^2}} \tag{4-19}$$

最大允许腐蚀壁厚为

$$\sigma_{max} = \sqrt{\frac{f_r}{\pi}} - \sqrt{\frac{f_r'}{\pi}} \tag{4-20}$$

D级杆的最大使用寿命为

$$S_{max} = \frac{\delta_{max}}{v_i} \qquad (4\text{-}21)$$

式中，S_{max} 为最大使用寿命，a：v_i 为油管的年腐蚀速率，mm/a；δ_{max} 为金属允许最大腐蚀量，mm。

D 级杆的安全使用寿命 S_{sr} 是所有使用寿命中的最小值。

$$S_{sr} = \min\{S_{T_1}, S_{T_2}, S_{T_3}, \cdots, S_{T_n}; S_{p_1}, S_{p_2}, S_{p_3}, \cdots, S_{p_n}; S_{Cl_1}, S_{Cl_2}, S_{Cl_3}, \cdots, S_{Cl_n}\}$$

2. D 级杆使用寿命预测

通过现场资料调查，泵的深度为 220m，与泵相连的是 8 根 Φ38mm 加重杆。表 4-4 为油井实际的生产参数。图 4-16 为 D 级杆在不同工况下的安全使用寿命。D 级杆的安全使用寿命为 2 年。因此，2 年后应及时更换 D 级杆。

表 4-4　D 级杆的受力参数

D 级杆的受力参数	值
最大负荷/kN	12.07
最小负荷/kN	3.52
转换应力/($N \cdot mm^{-2}$)	109.32
D 级杆截面积/m^2	0.0284

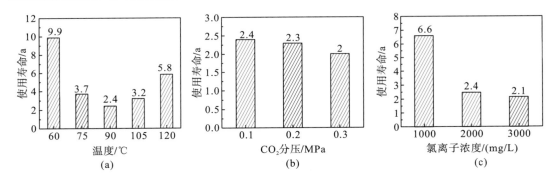

图 4-16　D 级杆在不同工况下的安全使用寿命

4.2　CO_2 驱采出井管杆的防护措施优选

4.2.1　采出井油管的防护措施

1. 耐蚀合金的腐蚀速率和安全使用寿命

根据生产井模拟实验结果，确定了油管恶劣的使用环境。耐蚀合金优化实验的参数设置为：温度 90℃，CO_2 分压 0.1MPa，氯化物浓度 2000mg/L，实验时间 72h。

碳钢和耐蚀合金钢在液相和气相 CO_2 环境中的腐蚀速率如图 4-17 所示。9Cr 钢和

13Cr 钢的液相腐蚀速率远低于 N80 钢、3Cr 钢和 P110 钢。值得注意的是，只有 13Cr 钢的腐蚀速率小于 0.076mm/a（即油气田的腐蚀控制指标）。P110 钢和 N80 钢的气相腐蚀速率明显大于含 Cr 钢，9Cr 钢和 13Cr 钢的腐蚀速率均低于 0.076mm/a。

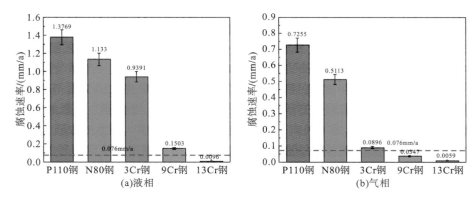

图 4-17　碳钢和耐腐蚀合金钢在液相和气相 CO₂ 环境中的腐蚀速率

　　图 4-18 为耐腐蚀合金钢在液相和气相 CO₂ 环境中的拉伸安全系数和安全使用寿命。如图 4-18(c)所示，N80 钢和 P110 钢液相安全使用寿命相近，均小于 8a，3Cr 钢的安全使用寿命为 9a，9Cr 钢和 13Cr 钢的安全使用寿命达到 30a，满足新疆油田的使用要求。如

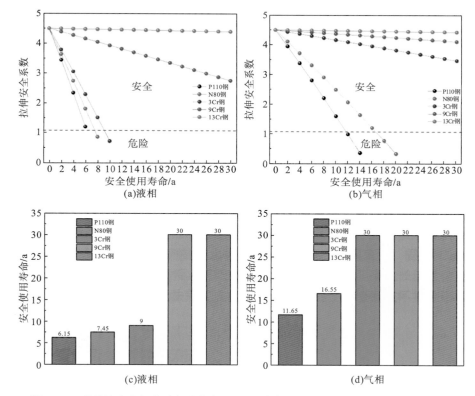

图 4-18　耐腐蚀合金钢在液相和气相 CO₂ 环境中的拉伸安全系数和安全使用寿命

图 4-18(d)所示，P110 钢和 N80 钢在气相中的安全使用寿命分别为 11.65a 和 16.55a，气相环境中的含 Cr 钢均满足新疆油田的使用要求。

2. 缓蚀剂的选择和评价结果

1) 缓蚀剂的相容性结果

表 4-5 为 1～8 号缓蚀剂的水溶性实验结果。结果表明，2 号、3 号和 5 号缓蚀剂在油田采出水中溶解时，会出现不均匀的液珠和分散颗粒，说明其水溶性差。其他缓蚀剂与油田采出水充分混合，表明其水溶性好。

表 4-5　缓蚀剂水溶性评价结果

缓蚀剂	现场	评价结果
1 号	均相	分散性好
2 号	液珠和分散颗粒	分散性差
3 号	液珠和分散颗粒	分散性差
4 号	均相	分散性好
5 号	液珠和分散颗粒	分散性差
6 号	均相	分散性好
7 号	均相	分散性好
8 号	均相	分散性好

表 4-6 为缓蚀剂乳化倾向的测定结果。结果表明，2 号、3 号、5 号缓蚀剂在油田采出水中溶解时，油水界面不清晰，出水量较空白组减少。因此，这些缓蚀剂具有乳化倾向，不适用于油田。

表 4-6　缓蚀剂乳化倾向测定结果

缓蚀剂	现场		抗乳化性
	静置 10min	静置 60min	
1 号	清晰的油水界面	出水量≥空白组出水量	良好
2 号	油水界面不清晰	出水量≤空白组出水量	差
3 号	油水界面不清晰	出水量≤空白组出水量	差
4 号	清晰的油水界面	出水量≥空白组出水量	良好
5 号	油水界面不清晰	出水量≤空白组出水量	差
6 号	清晰的油水界面	出水量≥空白组出水量	良好
7 号	清晰的油水界面	出水量≥空白组出水量	良好
8 号	清晰的油水界面	出水量≥空白组出水量	良好

根据缓蚀剂水溶性和乳化倾向性实验结果，1 号、4 号、6 号、7 号和 8 号缓蚀剂与采出液配伍性好，可在该油田使用。

2）缓蚀剂的电化学实验

　　N80 钢在不同缓蚀剂溶液中的动电位极化曲线如图 4-19 所示。与不含缓蚀剂的溶液相比，含缓蚀剂的 N80 钢的腐蚀电位比不含缓蚀剂的溶液正移。不同缓蚀剂浓度下 N80 钢的阴极极化曲线趋势一致，阳极斜率明显减小。缓蚀剂的加入有效地抑制了阳极反应，表明缓蚀剂为阳极吸附型。

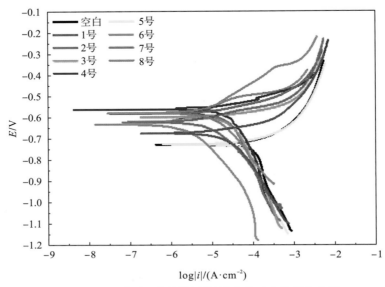

图 4-19　N80 钢在不同缓蚀剂溶液中的动电位极化曲线

　　图 4-20 为 N80 钢在含有不同缓蚀剂的腐蚀溶液中的自腐蚀电流密度和缓蚀率。如图 4-20（a）所示，缓蚀剂的加入极大地降低了 N80 钢在 CO₂ 环境中的自腐蚀电流密度。根据缓蚀剂筛选标准，筛选出缓蚀率超过 90% 的缓蚀剂。因此，根据相容性和电化学实验结果，使用 6 号、7 号和 8 号缓蚀剂评估防护性能[图 4-20（b）]。

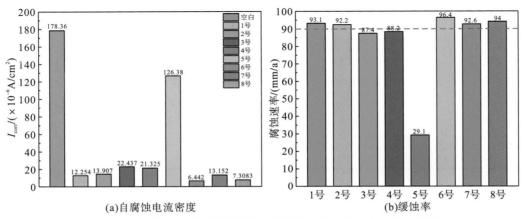

图 4-20　N80 钢在含有不同缓蚀剂的腐蚀溶液中的自腐蚀电流密度和缓蚀率

3）缓蚀剂防护性能评价

缓蚀剂的缓蚀效果与使用环境，特别是使用温度密切相关。有学者发现，温度降低了基于植物油的缓蚀剂在酸性介质中对低碳钢的缓蚀效率[19,20]。为了验证缓蚀剂对温度的敏感性，首先在 90℃和 120℃进行了缓蚀剂的适用性实验。实验参数设置如下：温度为 120℃和 90℃，CO_2 分压为 0.1MPa，氯离子浓度为 2000mg/L，缓蚀剂（6 号和 8 号）浓度为 800mg/L，实验周期为 72h。图 4-21 为 6 号和 8 号缓蚀剂在不同温度下的性能。结果表明，在 120℃时，N80 钢和 3Cr 钢在缓蚀剂中的腐蚀速率大于 90℃时的腐蚀速率。因此，在 120℃中进一步测试了缓蚀剂的性能。

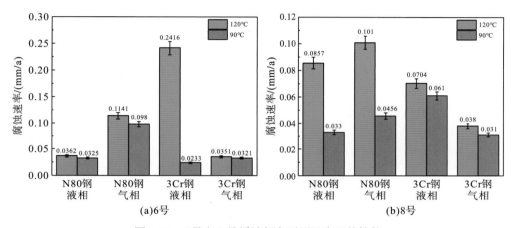

图 4-21　6 号和 8 号缓蚀剂在不同温度下的性能

N80 钢和 3Cr 钢在含有不同浓度缓蚀剂的气相和液相 CO_2 环境中腐蚀速率如图 4-22 所示。如图 4-22（a）所示，只有 6 号缓蚀剂使 N80 钢和 3Cr 钢液相腐蚀速率降低至 0.076mm/a 以下。气相缓蚀剂的缓蚀效果比液相缓蚀剂差［图 4-22（b）］，说明 6 号缓蚀剂的缓蚀效果最好。然而，一旦缓蚀剂浓度增加到 1000mg/L，所有腐蚀速率降低到小于 0.076mm/a［图 4-22（c），图 4-22（d）］。因此，本书选择 6 号缓蚀剂用于 CO_2 驱油井。

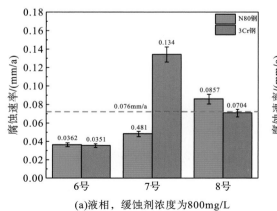

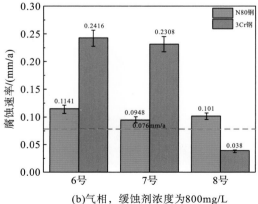

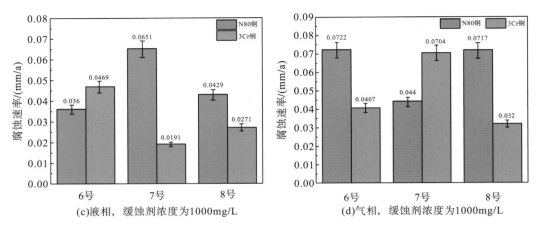

(c)液相，缓蚀剂浓度为1000mg/L   (d)气相，缓蚀剂浓度为1000mg/L

图 4-22   N80 钢和 3Cr 钢在含有不同浓度缓蚀剂的液相和气相 CO$_2$ 环境中的腐蚀速率

　　图 4-23 为 N80 钢和 3Cr 钢在含有 800mg/L 缓蚀剂的 CO$_2$ 环境中的 SEM 形貌。添加 6 号缓蚀剂后，N80 钢和 3Cr 钢表面仅积累少量腐蚀产物。然而，当添加其他缓蚀剂时，大量腐蚀产物积聚在样品表面。

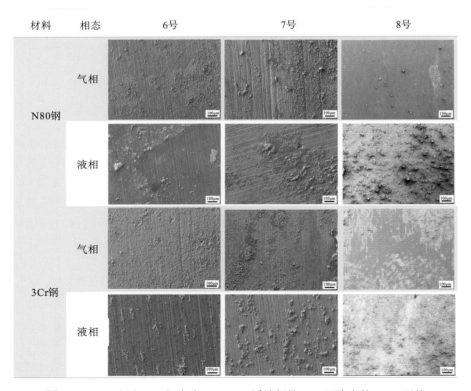

图 4-23   N80 钢和 3Cr 钢在含 800mg/L 缓蚀剂的 CO$_2$ 环境中的 SEM 形貌

　　图 4-24 是 N80 钢和 3Cr 钢在含有 1000mg/L 缓蚀剂的 CO$_2$ 环境中的 SEM 形貌。添加 6 号缓蚀剂后，N80 钢表面的液相和气相腐蚀产物很少。然而，添加 7 号和 8 号缓蚀剂

后，N80 钢表面出现许多颗粒状腐蚀产物。此外，添加缓蚀剂后，3Cr 钢表面气相腐蚀产物较少。相比之下，添加缓蚀剂后，3Cr 钢液相表面的腐蚀产物要少得多。

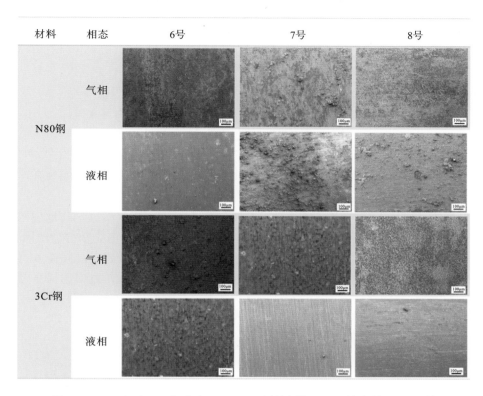

图 4-24　N80 钢和 3Cr 钢在含 1000mg/L 缓蚀剂的 CO₂ 环境中的 SEM 形貌

4) 缓蚀剂的红外光谱分析

6 号缓蚀剂的傅里叶变换红外光谱如图 4-25 所示。$3182.8cm^{-1}$ 和 $1616.9cm^{-1}$ 处的宽带分别与—NH_2 的—NH 平面内和—NH 平面外的振动吸收峰有关。位于 $1552.3cm^{-1}$ 处的宽带归因于—NH—的 N—H 平面上的振动吸收峰，而位于 $734.1cm^{-1}$ 处的宽带归因于 N—H 平面外的振动吸收峰。$1403.2cm^{-1}$ 处的宽带可指定为 C—N 的拉伸振动吸收峰。$655.2cm^{-1}$ 处有一个吸收带，该吸收带可能与 O=C—N 的拉伸振动峰有关。这些发现表明 6 号缓蚀剂符合酰胺缓蚀剂的一般特性。

咪唑啉缓蚀剂是抑制碳钢 CO₂ 腐蚀最有效的缓蚀剂。在 40℃时，三种咪唑啉抑制剂的最大抑制率高达 96%。酰胺类缓蚀剂是指缓蚀剂中含有酰胺官能团。酰胺上的氨基与溶液中的氢离子结合并吸附在金属上，进而阻止更多的氢离子靠近金属表面。同时，N、O 原子能在金属表面形成配位键和 π 键，形成强吸附。缓蚀剂的作用与浓度密切相关。缓蚀剂浓度越高，其缓蚀效果越好。根据傅里叶变换红外光谱可知，6 号和 8 号抑制剂为酰胺类抑制剂。此外，酰胺类缓蚀剂广泛应用于油气田，与其他缓蚀剂相比，具有环境友好、易降解等优点[21-23]。

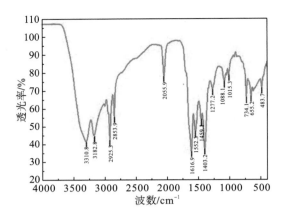

图 4-25 6 号缓蚀剂的傅里叶变换红外光谱

在选择缓蚀剂时，应考虑缓蚀剂的相容性和缓蚀率[13]。根据缓蚀剂与地层水配伍性研究结果可知，6 号、7 号和 8 号缓蚀剂与地层水配伍性较好。电化学初选结果表明，6号、7 号和 8 号缓蚀剂的缓蚀效率均超过 90%，而失重实验结果表明，只有 6 号缓蚀剂才能将 N80 钢和 3Cr 钢的液相腐蚀速率降低到 0.076mm/a。因此，本书选择 6 号缓蚀剂用于 CO₂ 驱油井。

4.2.2 采出井防腐方案的优化

CO₂ 驱生产井防腐蚀方案中的任何防腐蚀措施都应考虑经济因素，在保证生产井防腐效果的基础上，使采油过程中的经济效益最大化[24]。

1. 耐蚀合金管材的经济性分析

采出井平均井深 220m，油管规格为 Φ73.02mm×5.51mm。油管的重量(质量)为

$$M=\pi\times h\times\rho\frac{(D^2-d^2)}{4}\times10^{-6} \tag{4-22}$$

式中，M 为油管重量，t；D 为油管外径，mm；d 为油管内径，mm；h 是油管的长度，m；ρ 是钢的密度，g/m³。单井油管的价格为

$$P_t=P\times M \tag{4-23}$$

式中，P_t 为单井油管价格，万元；P 为每吨钢材的价格(表 4-7)，万元。

假设管道已分别使用 10a、20a 和 30a，分别编制了碳钢管(P110 钢、N80 钢、3Cr钢)和耐腐蚀合金管(9Cr 钢、13Cr 钢)的成本预算。考虑到油管的安全性，我们使用液相耐蚀合金的安全使用寿命来计算 10a、20a 和 30a 内更换油管的频率。此外，我们还需要考虑更换管道的人工成本 C_L。

表 4-8 是不同服务期更换油管的总成本。如表 4-8 所示，碳钢管使用 10a 后，成本相

对较低。当碳钢管使用 20a 时，碳钢管的成本接近不锈钢钢管。如果油管使用超过 20a，不锈钢管道的成本就相对更低。

表 4-7　不同耐蚀合金管材的价格

材料	P/万元	M/t	P_1/万元
P110 钢	0.89	19.9	17.7
N80 钢	0.78	20.17	15.7
3Cr 钢	1.16	19.9	23.1
9Cr 钢	2.26	19.9	45.0
13Cr 钢	2.92	19.9	58.1

注：单价由钢厂报价。

表 4-8　不同服务期更换油管总费用

材料	P_1/万元	C_1/万元	油管更换频率/次			总成本/万元		
			10a	20a	30a	10a	20a	30a
P110 钢	17.7	0.5	1	3	4	18.2	54.6	72.8
N80 钢	15.7	0.5	1	2	4	16.2	32.4	64.8
3Cr 钢	23.1	0.5	1	2	3	23.6	47.2	70.8
9Cr 钢	45.0	0.5	0	0	1	45.5	45.5	45.5
13Cr 钢	58.1	0.5	0	0	1	58.6	58.6	58.6

2. 缓蚀剂的经济性分析

根据缓蚀剂筛选结果，将 6 号缓蚀剂应用于 CO₂ 驱生产井，缓蚀剂注入浓度为 1000mg/L。向生产井添加缓蚀剂的方法包括在油管内壁涂覆缓蚀剂膜（即缓蚀剂预膜）和在油管内连续填充缓蚀剂[25,26]。接下来将比较缓蚀剂预膜和连续填充缓蚀剂的经济效益。

1）缓蚀剂预膜

在采取缓蚀剂预膜措施时，应考虑流体速度对缓蚀剂膜剪切破坏的影响[27]。一般情况下，不破坏油膜完整性的临界速度为 5m/s，产液在井筒中的速度远小于 2m/s，说明预成膜方法是可行的[28,29]。当规定的缓蚀剂膜厚度完全形成在管道表面时，所需的缓蚀剂剂量为

$$Q = \pi \times (D+d)h \times \mu \tag{4-24}$$

式中，μ 是含有缓蚀剂的液膜厚度，μm。

油管需要每月预涂一层缓蚀剂。此外，含有缓蚀剂的液膜厚度应控制在 50μm。优化后的 6 号缓蚀剂价格为 17 万元。假设管道分别使用了 10a、20a 和 30a，缓蚀剂的预膜成本如表 4-9 所示。

表 4-9   不同使用周期缓蚀剂预膜价格

服役时间/a	价格/万元
10	9.5
20	19
30	28.5

2) 缓蚀剂的连续填充

将缓蚀剂注入环空，然后从油管返回，在油管表面形成保护膜。每年注入单井的缓蚀剂量为

$$Q_d = \frac{C \times Q_e \times 12}{1000}$$ （4-25）

式中，Q_d 为每年添加的缓蚀剂量，t；C 为缓蚀剂浓度，mg/L；Q_e 是单井的月产液量，m³。根据油田资料，单井月产液量为 50m³。根据缓蚀剂浓度的优化结果，缓蚀剂的最佳浓度为 1000mg/L。假设管道已分别使用 10a、20a 和 30a，缓蚀剂连续填充成本如表 4-10 所示。

表 4-10   不同使用周期下缓蚀剂连续填充价格

服役时间/a	10	20	30
价格/万元	10.2	20.4	30.6

3. 油管防腐方案的选择

油管不同防腐方案的价格如图 4-26 所示，9Cr 钢最适合作为新油井最低价格的油管。但老井采用碳钢和缓蚀剂防腐技术。对比缓蚀剂预成膜和缓蚀剂连续填充的经济性，老井宜采用缓蚀剂连续填充技术。

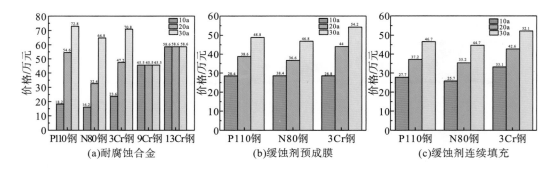

图 4-26   油管不同防腐方案的价格

4.2.3 采出井 D 级杆的防护措施

为了进一步评价 D 级杆缓蚀剂的缓蚀性能，采用高温高压釜对 D 级杆缓蚀剂在模拟油田采出液中的缓蚀性能进行了测试。实验参数设置如下：温度为 120℃，CO$_2$ 分压为

0.1MPa，氯离子浓度为 2000mg/L，缓蚀剂(6～8 号)浓度为 800mg/L 和 1000mg/L，实验周期为 72h。

D 级杆在不同浓度缓蚀剂中的腐蚀速率和安全使用寿命如图 4-27 所示。显然，添加 6 号和 7 号缓蚀剂后，D 级杆的腐蚀速率显著减慢，而 8 号缓蚀剂的缓蚀效果不明显。但随着缓蚀剂浓度的增加，6 号缓蚀剂的缓蚀效果明显提高。同样，D 级杆的安全使用寿命也有了很大提高。当三种缓蚀剂的浓度超过 1000mg/L 时，D 级杆的使用寿命超过 30a。

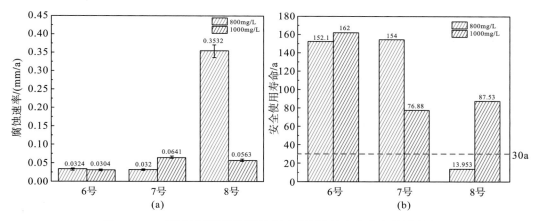

图 4-27　D 级杆在不同浓度缓蚀剂中的腐蚀速率和安全使用寿命

D 级杆表面形成的腐蚀产物的 SEM 图像可以进一步描述缓蚀剂的缓蚀效果，如图 4-28 所示。D 级杆表面仅散布少量腐蚀产物，仍然能清晰地看到加工刀痕[图 4-28(a)、(b)、(d)、(e)]，说明 6 号和 7 号缓蚀剂的缓蚀作用能有效抑制 D 级杆的腐蚀。但图 4-28(c) 和(f)显示 D 级杆表面有少量腐蚀产物堆积，表明 8 号缓蚀剂的缓蚀效果较差。

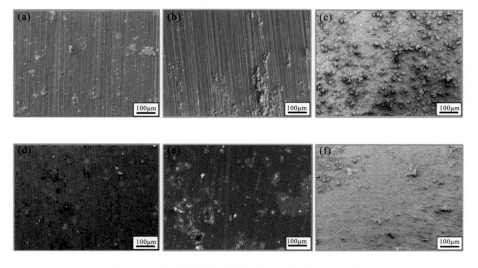

图 4-28　含不同缓蚀剂环境中 D 级杆的 SEM 形貌

注：(a)(d)为 6 号；(b)(e)为 7 号；(c)(f)为 8 号

4.3 小　　结

（1）对于 N80 钢油管，温度对液相腐蚀有显著影响，而在气相环境中，温度和 CO_2 分压是影响腐蚀的主要因素。对于 3Cr 钢，在液相环境中，温度是影响其在气相环境中腐蚀的主要因素。温度和氯离子浓度对 D 级杆的腐蚀影响显著，而 CO_2 分压的影响最小。

（2）N80 钢和 P110 钢的安全使用寿命相近[30]，均小于 8a。3Cr 钢的安全使用寿命为 9a。9Cr 钢和 13Cr 钢的安全使用寿命超过 30a。气相腐蚀 P110 钢和 N80 钢的安全使用寿命分别为 11.65a 和 16.55a。含 Cr 钢在气相环境中的安全使用寿命也超过 30a。

（3）通过建立缓蚀剂快速评价与优化方法，优选出适合 CO_2 驱生产井的 6 号缓蚀剂。缓蚀剂为阳极吸附缓蚀剂。通过添加 1000mg/L 缓蚀剂，可将油管腐蚀速率控制在 0.076mm/a 以内。根据防腐措施优化的经济模型，推荐 9Cr 钢作为 CO_2 驱新生产井的油管。但是，建议对老井持续加注缓蚀剂。

（4）根据 API 5CT 标准，建立了 D 级杆安全使用寿命预测模型，在此基础上可以预测 CO_2 驱油井 D 级杆的安全使用寿命。当腐蚀深度超过最大允许值时，D 级杆是危险的。2a 后必须及时更换 D 级杆，防止 D 级杆断裂。本章选择了三种适用于 D 级杆的缓蚀剂，可将 D 级杆的使用寿命延长到 30a 以上。

参 考 文 献

[1] Babaei M，Mu J J，Masters A J. Impact of variation in multicomponent diffusion coefficients and salinity in CO₂-EOR：A numerical study using molecular dynamics simulation[J]. Journal of Petroleum Science and Engineering，2018，162：685-696.

[2] 陈成. 超临界 CO₂/H₂O 体系中 N80 碳钢的腐蚀及缓蚀效果研究[D].武汉：华中科技大学，2015.

[3] Dong B J，Zeng D Z，Yu Z M，et al. Effects of heat-stable salts on the corrosion behaviours of 20 steel in the MDEA/H₂S/CO₂ environment[J]. Corrosion Engineering Science and Technology，2019，54(4)：339-352.

[4] 赵海燕，易勇刚，于会永，等. 碳酰胺复合驱吞吐井缓蚀剂优选评价[J].西南石油大学学报(自然科学版)，2021，43(4)：138-146.

[5] 石善志，董宝军，曾德智，等. CO₂辅助蒸汽驱对四种钢的腐蚀性能影响模拟[J].西南石油大学学报(自然科学版)，2018，40(4)：162-168.

[6] Farhadian A，Rahimi A，Safaei N，et al. A theoretical and experimental study of castor oil-based inhibitor for corrosion inhibition of mild steel in acidic medium at elevated temperatures[J]. Corrosion Science，2020，175：108871.

[7] Gao M，Pang X，Gao K W. The growth mechanism of CO₂ corrosion product films[J]. Corrosion Science，2011，53(2)：557-568.

[8] Ghasemi M，Astutik W，Alavian S A，et al. Impact of pressure on tertiary-CO₂ flooding in a fractured chalk reservoir[J]. Journal of Petroleum Science and Engineering，2018，167：406-417.

[9] 张晓诚，林海，谢涛，等. 含铬油套管钢材在 CO₂ 和微量 H₂S 共存环境中的腐蚀规律[J]. 表面技术，2022，51(9)：197-

205，216.

[10] 张仁勇，漆亚全，施岱艳，等. 3Cr 钢在 CO₂ 环境中的腐蚀研究[J]. 石油与天然气化工，2013，42(1)：61-63.

[11] Heydari M，Javidi M. Corrosion inhibition and adsorption behaviour of an amido-imidazoline derivative on API 5L X52 steel in CO₂-saturated solution and synergistic effect of iodide ions[J]. Corrosion Science，2012，61：148-155.

[12] 周琦，赵红顺，常春雷，等. X65 钢在高温高压 CO₂ 酸性溶液中的腐蚀行为[J].材料开发与应用，2007，22(6)：40-44.

[13] Hu H T，Cheng Y F. Modeling by computational fluid dynamics simulation of pipeline corrosion in CO₂-containing oil-water two phase flow[J]. Journal of Petroleum Science and Engineering，2016，146：134-141.

[14] ISO 15156-1：2015 standard. Petroleum and natural gas industries-Materials for use in H₂S-containing environments in oil and gas production- Part 1：General principles for selection of cracking-resistant materials[S]. International Organization for Standardization，2015.

[15] ISO 15156-2：2015 standard. Petroleum and natural gas industries-Materials for use in H₂S-containing environments in oil and gas production-Part 2：Cracking-resistant carbon and low-alloy steels，and the use of cast irons[S]. International Organization for Standardization，2015.

[16] ISO 11960- 2020 standard. Petroleum and natural gas industries-Steel pipes for use as casing or tubing for wells[S]. International Organization for Standardization，2020.

[17] Jawich M W S，Oweimreen G A，Ali S A. Heptadecyl-tailed mono- and bis-imidazolines：A study of the newly synthesized compounds on the inhibition of mild steel corrosion in a carbon dioxide-saturated saline medium[J]. Corrosion Science，2012，65：104-112.

[18] Li C，Xiang Y，Song C C，et al. Assessing the corrosion product scale formation characteristics of X80 steel in supercritical CO₂-H₂O binary systems with flue gas and NaCl impurities relevant to CCUS technology[J]. The Journal of Supercritical Fluids，2019，146：107-119.

[19] Li W，Pots B F M，Brown B，et al. A direct measurement of wall shear stress in multiphase flow—Is it an important parameter in CO₂ corrosion of carbon steel pipelines[J]. Corrosion Science，2016，110：35-45.

[20] Li Y Z，Xu N，Guo X P，et al. Inhibition effect of imidazoline inhibitor on the crevice corrosion of N80 carbon steel in the CO₂-saturated NaCl solution containing acetic acid[J]. Corrosion Science，2017，126：127-141.

[21] Liu H W，Gu T Y，Zhang G A，et al. Corrosion inhibition of carbon steel in CO₂-containing oilfield produced water in the presence of iron-oxidizing bacteria and inhibitors[J]. Corrosion Science，2016，105：149-160.

[22] Liu Q Y，Mao L J，Zhou S. Effects of chloride content on CO₂ corrosion of carbon steel in simulated oil and gas well environments[J]. Corrosion Science，2014，84：165-171.

[23] Rizzo R，Baier S，Rogowska M，et al. An electrochemical and X-ray computed tomography investigation of the effect of temperature on CO₂ corrosion of 1Cr carbon steel[J]. Corrosion Science，2020，166：108471.

[24] Mansoori H，Young D，Brown B，et al. Influence of calcium and magnesium ions on CO₂ corrosion of carbon steel in oil and gas production systems-a review[J]. Journal of Natural Gas Science and Engineering，2018，59：287-296.

[25] 贺莎莎，韩新福，赖喜祥，等. 碳钢 CO₂ 腐蚀的缓蚀剂策略及缓蚀行为研究进展[J].表面技术，2023，7：117-129.

[26] Mansoori H，Brown B，Young D，et al. Effect of Fe$_x$Ca$_y$CO₃ and CaCO₃ scales on the CO₂ corrosion of mild steel[J]. Corrosion，2019，75(12)：1434-1449.

[27] Pandey A，Verma C，Singh B N，et al. Synthesis，characterization and corrosion inhibition properties of benzamide-2-chloro-4-nitrobenzoic acid and anthranilic acid-2-chloro-4-nitrobenzoic acid for mild steel corrosion in acidic medium[J].

Journal of Molecular Structure，2018，1155：110-122.

[28] Souza R C，Santos B A F，Goncalves M C，et al. The role of temperature and H$_2$S (thiosulfate) on the corrosion products of API X65 carbon steel exposed to sweet environment[J]. Journal of Petroleum Science and Engineering，2019，180：78-88.

[29] Sun C，Zeng H B，Luo J L. Unraveling the effects of CO$_2$ and H$_2$S on the corrosion behavior of electroless Ni-P coating in CO$_2$/H$_2$S/Cl$^-$ environments at high temperature and high pressure[J]. Corrosion Science，2019，148：317-330.

[30] Tan C T，Xu X Q，Xu L N，et al. Effects of chloride concentration on CO$_2$ corrosion of novel 3Cr2Al steel in simulated oil and gas well environments[J]. Materials and Corrosion，2019，70(2)：366-376.

第5章 CO₂驱采出井缓蚀阻垢剂的复配及其性能研究

CO₂驱采油技术具有投入成本低、驱油效率高、适用范围广等优点，被认为是较具有优势的提高原油采收率的方法[1,2]。然而，在 CO₂ 驱采油过程中，注入井筒的 CO₂ 溶解到地层水中产生碳酸会导致井下设备和管材的严重腐蚀，同时，CO₂ 驱油技术过程为气水混注，地层水中含有易于结垢的离子会生成难溶的垢[3]。减少 CO₂ 腐蚀的方法有很多，添加缓蚀剂和阻垢剂以控制油管和套管腐蚀和结垢是较经济有效的方法[4,5]。

本章将建立适用于 CO₂ 驱采出井的缓蚀阻垢剂，建立评价方法，并基于量子化学理论、电化学法和静态阻垢测试法，优选出性能优异的缓蚀剂和阻垢剂；进一步采用电化学法测试得到缓蚀剂、阻垢剂的最佳配比，复配形成一剂双效的复合型药剂并揭示其作用机理；最后采用高温高压釜测试模拟工况中缓蚀阻垢剂对油管腐蚀的防护效果。

5.1 复合缓蚀阻垢剂单剂优选

5.1.1 缓蚀剂、阻垢剂选择

针对 CO₂ 腐蚀结垢工况优选出了 6 种缓蚀剂与 5 种阻垢剂，其分子式与结构如表 5-1 和表 5-2 所示。

表 5-1 缓蚀剂分子结构表

2-(对烷氧基苯基)-2-咪唑啉 (P-APIM)	1,2,4,7,9,10-六氮杂环十五碳-10, 15-二烯-3,5,6,8-四酮 (HPT)	油酸咪唑啉 (OIM)

咪唑啉衍生物 （IM-OH）	硫脲咪唑啉 （TUIM）	异喹啉季铵盐 （FIQ-C）
		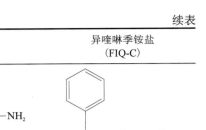

表 5-2　阻垢剂分子结构表

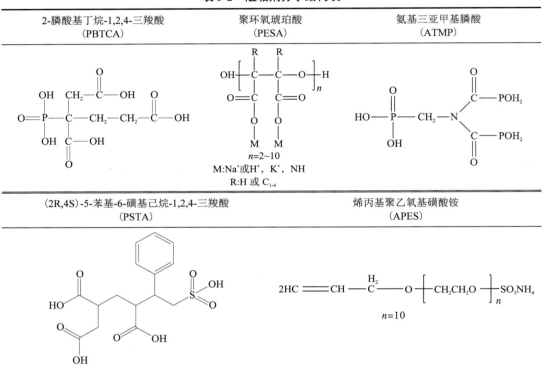

2-膦酸基丁烷-1,2,4-三羧酸 （PBTCA）	聚环氧琥珀酸 （PESA）	氨基三亚甲基膦酸 （ATMP）

(2R,4S)-5-苯基-6-磺基己烷-1,2,4-三羧酸 （PSTA）	烯丙基聚乙氧基磺酸铵 （APES）

5.1.2　缓蚀阻垢剂评价方法

实验样品选择油田常用的 P110 钢、N80 钢和 H 级杆管材，将测试样品加工成尺寸为 30mm×15mm×3mm 的试片，分别用于失重实验和电化学测试，三种测试样品化学成分见表 5-3。实验中使用的腐蚀液是根据油田 CO$_2$ 驱油井提供的地层水分析报告制备的模拟地层水溶液，其化学成分见表 5-4，在实验前，将腐蚀溶液用氮气除氧 24h。

采用自行设计的由 C276 合金制成的高温高压釜进行模拟腐蚀测试，实验腐蚀介质为模拟地层水，实验前通 CO$_2$ 除氧，实验完成后试样要用丙酮与乙醇清洗，脱脂脱水后在室温环境下置于干燥器中干燥。所有的实验均在静态、未搅拌的环境中进行。失重实

验根据标准《金属覆盖层　实验室全浸腐蚀试验》（JB/T 6073—1992）进行，腐蚀速率
C_R 的计算公式为

$$C_R = 87600 \frac{\Delta m}{\rho A \Delta t} \qquad (5\text{-}1)$$

式中，C_R 是油管钢每年的腐蚀速率，mm/a；Δm 是质量损失，g；ρ 是材料密度，g/cm^3；
A 是钢的表面面积，cm^2；Δt 是腐蚀时间，h。

表 5-3　P110 钢、N80 钢和 H 级杆的化学成分（%）

钢	C	Si	Mn	P	S	Cr	Mo	Ni	Nb	Ti	Cu	Fe
P110 钢	0.32	0.25	0.63	0.014	0.003	1.0	0.28	—	—	—	0.02	余量
N80 钢	0.38	0.27	1.53	0.008	0.009	0.05	—	0.03	—	0.06	0.08	余量
H 级杆	0.12	0.65	2.20	—	—	1.0	0.28	—	—	—	—	余量

表 5-4　采出水的离子化学成分

项目	离子					
	K$^+$/Na$^+$	Mg^{2+}	Ca^{2+}	Cl$^-$	SO$_4^{2-}$	HCO$_3^-$
含量/(mg/L)	13695.95	78.38	805.13	22286.25	38.28	771.05

选用 Corrtest CS350 电化学工作站三电极系统进行电化学测试。在这三个电极中，
工作电极是 N80 钢，有效暴露面积为 0.7854cm^2，辅助电极是铂电极，参比电极是饱和
甘汞电极，液态介质为饱和 CO$_2$（约 0.0056mol/L）的模拟地层水。为了获得开路电位的稳
定值，将所有工作电极至少浸入溶液中 1h。

待开路电位达到稳定状态后，电化学极化曲线测试基于开路电势±500mV 扫描，扫
描速率为 0.50mV/s。腐蚀抑制率（η）的计算公式为

$$\eta = \frac{I_{0,\text{corr}} - I_{\text{corr}}}{I_{0,\text{corr}}} \times 100\% \qquad (5\text{-}2)$$

式中，$I_{0,\text{corr}}$、I_{corr} 是 N80 钢在无缓蚀剂和有缓蚀剂溶液中的自腐蚀电流密度。

5.1.3　缓蚀阻垢剂量子化学计算

本章量子化学计算部分选用 Gaussian 09 软件包，选择 B3LYP/6-31G（d,p）计算缓蚀
剂与阻垢剂分子构型的马利肯（Mulliken）电荷分布，根据分子的福井（FuKui）函数得到局
部反应的活性位点，并得到最可能发生亲核、亲电或自由基进攻的位点。

1. 前线分子轨道理论

前线分子轨道理论认为分子在进行化学反应的过程中，分子中的电子在最高占据分子
轨道（highest occupied molecular orbit，HOMO）和最低未占据分子轨道（lowest unoccupied
molecular orbit，LUMO）之间移动。分子的前线轨道分布可以反映发生化学反应时的活性

位点，反应的活性取决于轨道能量的高低。最高占据分子轨道能(E_{HOMO})越大，分子最外层的电子越容易脱离原子核的束缚，越容易给出电子；最低未占据分子轨道能(E_{LUMO})越小，越容易接受电子[6]。

2. 反应活性

量化参数主要有电化学势 μ、电负性 χ、电子转移数 ΔN 等。电化学势 μ 指在恒定的外部电子势能条件下，反应系统总能量对电子个数的一阶偏导数，可以决定化学反应过程中自发进行的方向，电化学势的值越大，反应越容易发生[7,8]。电化学势的计算为

$$\mu = \left(\frac{\partial E}{\partial N}\right)\nu(\vec{r}) \tag{5-3}$$

式中，E 为反应体系中电子总能量，eV；$\nu(\vec{r})$ 为反应体系的总电子势能，eV；N 为电子个数。

电负性 χ 是电化学势 μ 的负数，其定义为

$$\chi = -\mu \tag{5-4}$$

电子转移数 ΔN 是指提供给金属原子的电子数量：

$$\Delta N = \frac{\chi_{Fe} - \chi_{inh}}{2(\eta_{Fe} - \eta_{inh})} \tag{5-5}$$

式中，χ_{Fe} 为 Fe 的电负性；η_{inh} 为添加缓蚀剂后 Fe 的绝对化学硬度；χ_{inh} 为添加缓蚀剂后 Fe 的电负性；η_{Fe} 为 Fe 的绝对化学硬度。

对于电子转移控制的反应，通过应用有限差分近似来计算 FuKui 函数：

$$f(\vec{r}) = \left(\frac{\partial \rho(\vec{r})}{\partial N}\right)\rho(\vec{r}) \tag{5-6}$$

在利用马利肯布(Mulliken)电荷分布分析 k 原子的 FuKui 函数时可以用福井方程近似表示[9]，亲电指数 f_k^- 和亲核指数 f_k^+ 分别为

$$f_k^- = q_k(N) - q_k(N-1) \tag{5-7}$$

$$f_k^+ = q_k(N+1) - q_k(N) \tag{5-8}$$

式中，$q_k(N+1)$ 为 k 原子在阴离子状态下的电荷反应体系中电子总能量，eV；$q_k(N)$ 为 k 原子在中性离子状态下的电荷反应体系中电子总能量，eV；$q_k(N-1)$ 为 k 原子在阳离子状态下的电荷反应体系中电子总能量，eV。

5.2 复合缓蚀阻垢剂配方研制

5.2.1 缓蚀剂、阻垢剂分子前线轨道及活性分析

采用密度泛函理论 M06-2x 杂化泛函方法计算所得的 6 种缓蚀剂分子的前线轨道分布见表 5-5，其中包括分子的 HOMO 和 LUMO 轨道分布图，绿色和红色分别表示轨道波

函数相位的负与正。HOMO 的电荷分布越密集的官能团越容易提供 π 电子与 Fe 的 3d 空轨道形成共价配位键，LUMO 的电荷密度越密集的基团越容易接受 Fe 的 4s 轨道的电子形成反馈键。FIQ-C 的 HOMO 分布在苯环上，其余 5 种缓蚀剂的 HOMO 主要分布在碳氮双键上；LUMO 分布在碳氧双键、碳氮双键、氨基和羟基上。

表 5-5　缓蚀剂分子的前线轨道分布

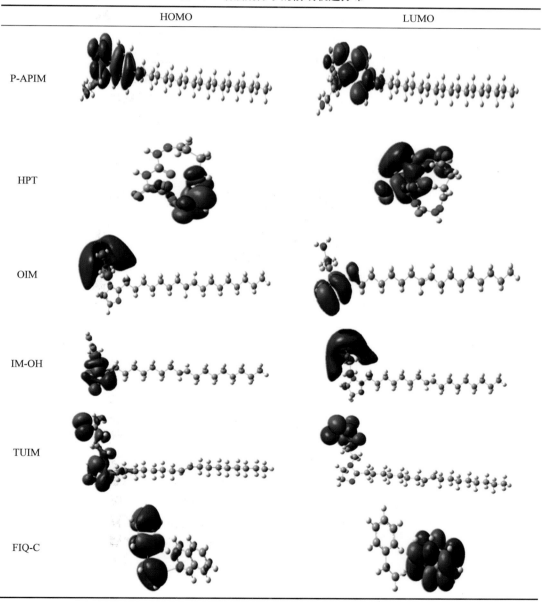

HOMO	LUMO
P-APIM	
HPT	
OIM	
IM-OH	
TUIM	
FIQ-C	

　　为了研究缓蚀剂分子的化学反应活性，分析了最高占据分子轨道能(E_{HOMO})和最低未占据分子轨道能(E_{LUMO})的能量分布。表 5-6 为计算所得的 6 种缓蚀剂的量化参数，分

析表中数据可知，IM-OH 的 E_{HOMO} 最大，说明 IM-OH 分子最外层电子容易脱离原子核，最容易给出电子；FIQ-C 的 E_{LUMO} 最小，说明 FIQ-C 分子最容易接受外来电子，当外来电子进入 FIQ-C 分子轨道后整个体系的能量降低。

表 5-6　缓蚀剂分子的量子化学参数

缓蚀剂	E_{HOMO}	E_{LUMO}	ΔE	η	w	ΔN	χ	μ
P-APIM	−7.665	0.374	8.040	4.020	1.653	0.417	3.645	−3.645
HPT	−8.387	−0.594	7.793	3.897	2.588	0.322	4.491	−4.491
OIM	−7.311	0.081	7.392	3.696	1.768	0.458	3.615	−3.615
IM-OH	−7.236	0.002	7.238	3.619	1.808	0.447	3.617	−3.617
TUIM	−7.599	−0.372	7.227	3.614	2.198	0.417	3.985	−3.985
FIQ-C	−7.318	−0.754	6.564	3.282	2.482	0.451	4.036	−1.036

ΔE 表示分子轨道能隙大小[式(5-9)]，能隙越小，缓蚀剂的反应活性越大[10]，由此可知FIQ-C 的反应活性最大，缓蚀性能最好。前线轨道分布主要集中在缓蚀剂分子基团上，表明发生吸附反应时缓蚀剂的极性基团吸附在金属表面，非极性基团指向溶液形成疏水链[11]。

$$\Delta E = E_{LUMO} - E_{HOMO} \tag{5-9}$$

只有当$\Delta N>0$ 时，电子才会从缓蚀剂转移到金属表面；当$\Delta N<3.6$ 时，缓蚀剂分子提供电子的能力较大。表 5-6 显示所有缓蚀剂分子的ΔN 值都为正值且均小于 3.6，表明缓蚀剂分子可以向空的金属轨道转移电子。此外，在 6 种缓蚀剂中 OIM 和 FIQ-C 的ΔN值是最大的，因此，相较于另外四种缓蚀剂，缓蚀剂 OIM 和 FIQ-C 转移了更多的电子。

5 种阻垢剂分子的前线轨道分布见表 5-7。阻垢剂分子的 HOMO 和 LUMO 主要分布在羧基、羟基、苯环等基团上。阻垢剂分子中 LUMO 的电荷分布越密集的基团越容易与难溶于水的钙盐表面上带有正电荷的钙离子相互吸附，这种吸附作用在基团的空间排布与垢晶面的阳离子间距匹配时最强，从而阻止垢晶体的继续生长与沉积，导致垢晶体发生畸变反应，达到阻垢的效果[12,13]。

表 5-7　阻垢剂分子的前线轨道分布

	HOMO	LUMO
PBTCA		
PESA		

	HOMO	LUMO
ATMP		
PSTA		
APES		

采用密度泛函理论计算得出的阻垢剂分子量子化学参数见图 5-1。由图 5-1 可知，ATMP 的 E_{HOMO} 值最大，说明 ATMP 分子最外层电子容易摆脱原子核的束缚，分子提供电子能力最强；APES 的 E_{LUMO} 值最小，表明 APES 分子接受电子的能力最强，外来电子进入分子轨道后体系能量降低。能隙越小，阻垢剂的反应活性越大[14]，因此，5 种阻垢剂的反应活性大小为：APES＞ATMP＞PSTA＞PBTCA＞PESA。

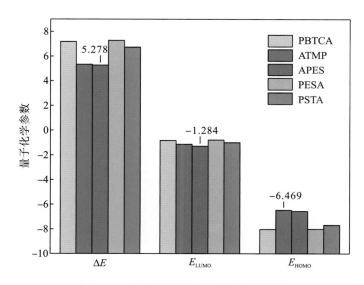

图 5-1　5 种阻垢剂分子的量子化学参数

由 6 种缓蚀剂分子的 Mulliken 电荷分布计算出分子中部分原子的亲电 FuKui 指数 f_k^- 和亲核 FuKui 指数 f_k^+。前线轨道分布主要集中在缓蚀剂的某一基团上，表明缓蚀剂发生吸附反应时是以极性基团吸附在金属表面，非极性基团指向溶液形成疏水链；f_k^- 值越大表明提供电子能力越强，f_k^+ 值越大表明接收电子能力越强，缓蚀剂分子在金属表面的吸附是通过供体-受体相互作用进行的[15]。通过 FuKui 函数可以确定缓蚀剂分子不同位点的亲核亲电行为。缓蚀剂 FIQ-C 最易受亲电攻击，其供电子点位是 C1、C7、C12、C16、C23 和 C30，以及电子接收的有利位置为 C7、C12、N15、C16、C21、C23。阻垢剂 APES 中供电子点位是 C1、O10、O59、O81、O83、N89、O52，以及电子接收的有利位置为 C1、C11、C67、C4、C12、C16、C60、C74、S82、O84（依据是选取 f_k^+ 和 f_k^- 中的较大值）。从局部反应活性分析可知，缓蚀剂和阻垢剂中含有 C、N、O 原子的基团提供供体-受体相互作用的活性反应位点，从而形成吸附膜阻止腐蚀介质接触金属表面，实现防腐的效果[16]。

5.2.2　缓蚀剂、阻垢剂分子动力学模拟

对 6 种缓蚀剂分子处于 Fe(110) 界面在水中的吸附行为进行研究，用 Materials Studio 软件进行分子动力学模拟，得出缓蚀剂分子在水溶液中的初始吸附构型与平衡构型。由图 5-2 和图 5-3 可以看出，在初始构型时，6 种缓蚀剂分子均通过吸附活性点吸附在 Fe(110) 晶面上，一端指向溶液，当达到平衡时，缓蚀剂分子伸展并吸附在晶面上，缓蚀剂分子在金属表面的吸附不会引起金属内原子排列顺序的变化，仅在金属表面形成一层具有保护作用的膜，来阻止腐蚀介质与金属表面接触。

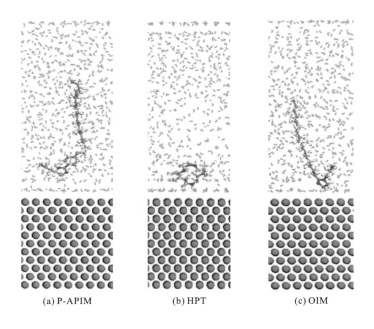

(a) P-APIM   (b) HPT   (c) OIM

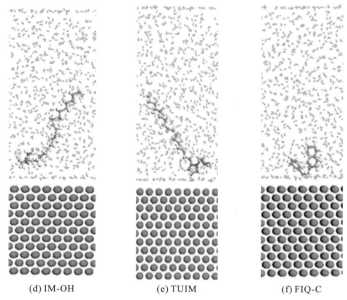

(d) IM-OH　　　　(e) TUIM　　　　(f) FIQ-C

图 5-2　缓蚀剂分子在水溶液中的初始吸附构型

(红 O，黄 S，蓝 N，灰 C，白 H，紫 Fe)

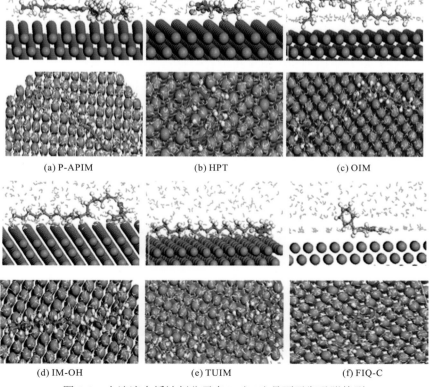

(a) P-APIM　　　　(b) HPT　　　　(c) OIM

(d) IM-OH　　　　(e) TUIM　　　　(f) FIQ-C

图 5-3　水溶液中缓蚀剂分子在 Fe(110)晶面平衡吸附构型

(红 O，黄 S，蓝 N，灰 C，白 H，紫 Fe)

　　水溶液中缓蚀剂分子在 Fe(110) 晶面平衡吸附时的能量参数见表 5-8。其中，E_{tot} 为总结合能，$E_{sur+sol}$ 为不含缓蚀剂的金属表面能与溶剂体系的能量，$E_{inh+sol}$ 为含有缓蚀剂分子的溶剂体系的能量，E_{sol} 为溶剂体系能量，E_{ads} 为表面吸附能。从表 5-8 可以看出，6 种缓蚀剂分子在水溶液中的吸附能均为负值，说明缓蚀剂吸附在金属表面的吸附过程为放热反应，P-APIM 的吸附能最大，其吸附能为 261.94kcal/mol（1kcal/mol=4.184kJ/mol），说明该缓蚀剂分子在 Fe(110) 晶面上的吸附最稳定，FIQ-C 次之。

表 5-8　水溶液中缓蚀剂分子在 Fe(110) 晶面平衡吸附时的能量参数（单位：kcal/mol）

缓蚀剂	E_{tot}	$E_{sur+sol}$	$E_{inh+sol}$	E_{sol}	E_{ads}
P-APIM	−11658.89	−11298.88	−10183.26	−10085.18	−261.94
HPT	−12055.00	−11724.26	−10605.47	−10413.75	−104.13
OIM	−11440.53	−11255.90	−10031.71	−9968.03	−120.95
IM-OH	−11517.64	−11227.36	−10069.75	−9956.41	−176.94
TUIM	−40889.66	−40527.87	−8087.59	−7969.92	−244.12
FIQ-C	−11289.64	−11226.78	−9893.38	−9939.92	−259.41

　　采用 Materials Studio 软件的 COMPASSII 模拟力场及 NVT 系统、Noose 恒温器在无水条件下对 CO_2 环境下常用的 5 种阻垢剂 PBTCA、PESA、ATMP、PSTA、APES，分别与方解石(104)、(102)、(202)、(110)、(113)晶面所形成的作用模型进行分子动力学模拟。为了减小溶剂化效应对结论的影响，在模拟中用介电常数代替水溶液，可用无水条件下的模拟定性地对阻垢剂的作用本质进行解释。阻垢剂分子在 5 个晶面的吸附模型如图 5-4～图 5-8 所示。由图 5-4～图 5-8 可知，5 种阻垢剂分子均已贴近方解石的 5 个晶面，说明阻垢剂与方解石已经形成吸附作用，阻垢剂分子中带负电性的膦酸基、羧基、羟基、磺酸基和氨基向下，通过这些基团与方解石的相互作用稳定地吸附于方解石晶面上[17,18]。

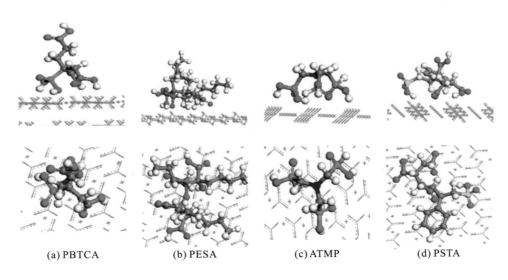

(a) PBTCA　　　　　(b) PESA　　　　　(c) ATMP　　　　　(d) PSTA

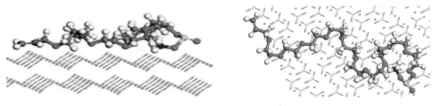

(e) APES

图 5-4   阻垢剂分子在(104)晶面吸附模型图

(红色 O，黄色 S，灰色 C，白色 H，紫色 P，绿色 Ca)

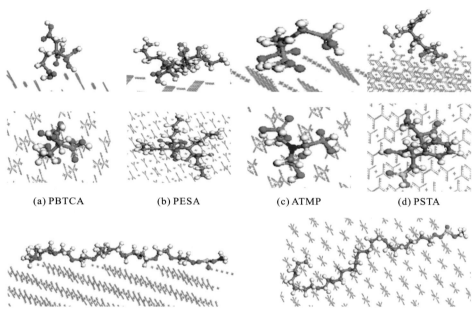

(a) PBTCA   (b) PESA   (c) ATMP   (d) PSTA

(e) APES

图 5-5   阻垢剂分子在(102)晶面吸附模型图

(红色 O，黄色 S，灰色 C，白色 H，紫色 P，绿色 Ca)

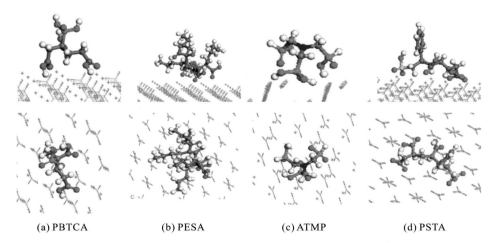

(a) PBTCA   (b) PESA   (c) ATMP   (d) PSTA

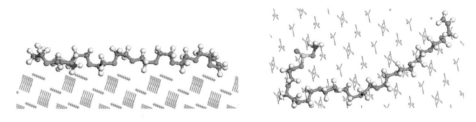

(e) APES

图 5-6　阻垢剂分子在(202)晶面吸附模型图
(红色 O，黄色 S，灰色 C，白色 H，紫色 P，绿色 Ca)

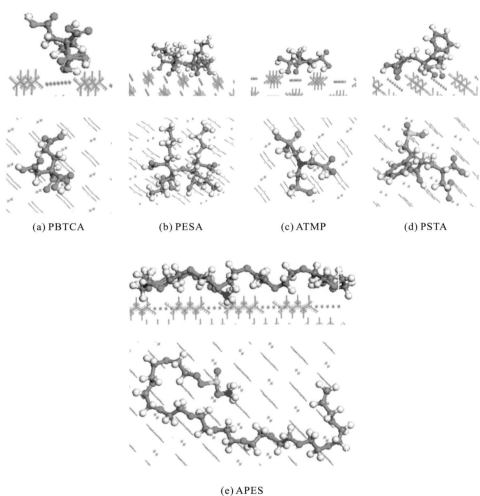

(a) PBTCA　　　(b) PESA　　　(c) ATMP　　　(d) PSTA

(e) APES

图 5-7　阻垢剂分子在(110)晶面吸附模型图
(红色 O，黄色 S，灰色 C，白色 H，紫色 P，绿色 Ca)

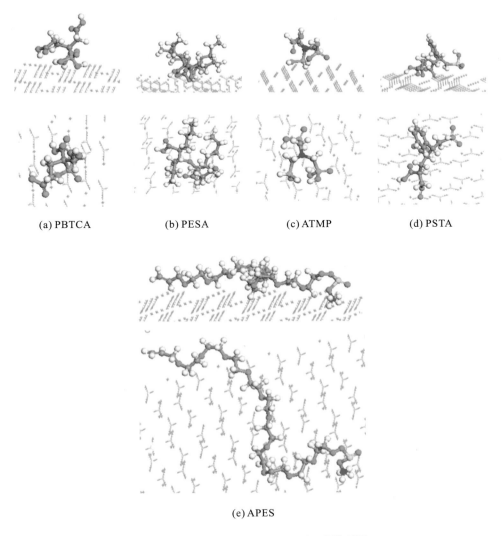

(a) PBTCA　　　(b) PESA　　　(c) ATMP　　　(d) PSTA

(e) APES

图 5-8　阻垢剂分子在 (113) 晶面吸附模型图

(红色 O，黄色 S，灰色 C，白色 H，紫色 P，绿色 Ca)

　　5 种阻垢剂分子与方解石的 5 个晶面的非键相互作用能如表 5-9 所示。其中，$E_{complex}$ 为分子动力学计算后吸附模型的能量，E_{i+s} 为含阻垢剂分子的溶剂体系的能量，ΔE 为阻垢剂分子与方解石晶体表面的相互作用能，E_{bind} 为表面结合能。从表 5-9 中可以看出，5 种阻垢剂分子在方解石晶面相互作用能均为负值，阻垢剂分子与晶面的作用过程均为放热，可以自发进行。结合能均大于 0，则可发生吸附作用，其值越大，发生的吸附作用越强，阻垢剂分子与 5 个晶面的结合能由大到小的顺序为 (113) ＞ (110) ＞ (102) ＞ (202) ＞ (104)。5 种阻垢剂分子的吸附能力由强到弱为：PSTA ＞ APES ＞ ATMP ＞ PBTCA ≥ PESA。

表 5-9   阻垢剂分子与方解石晶面的非键相互作用能   （单位：kcal/mol）

晶面	阻垢剂	$E_{complex}$	E_{i+s}	ΔE	E_{bind}
(104)	PSTA	−186.46	−100.94	−85.52	85.52
	PBTCA	−209.49	−162.80	−46.69	46.69
	PESA	18.94	54.34	−35.40	35.40
	ATMP	−12.77	58.56	−71.33	71.33
	APES	108.54	189.23	−80.69	80.69
(102)	PSTA	−680.68	−508.61	−172.08	172.08
	PBTCA	−256.62	−166.79	−89.83	89.83
	PESA	−16.64	24.92	−41.56	41.56
	ATMP	−85.90	75.70	−161.60	161.60
	APES	−34.63	117.92	−152.55	152.55
(202)	PSTA	−664.15	−510.73	−153.42	153.42
	PBTCA	−247.27	−176.77	−70.50	70.50
	PESA	−6.23	16.75	−22.98	22.98
	ATMP	−59.67	75.57	−135.24	135.24
	APES	8.48	115.09	−106.62	106.62
(110)	PSTA	−269.68	−98.68	−171.00	171.00
	PBTCA	−250.23	−157.31	−92.92	92.92
	PESA	−59.52	53.92	−113.44	113.44
	ATMP	−58.42	58.09	−116.51	116.51
	APES	12.30	120.99	−108.69	108.69
(113)	PSTA	−557.43	−346.74	−210.70	210.70
	PBTCA	−266.03	−164.84	−101.19	101.19
	PESA	−69.52	45.33	−114.85	114.85
	ATMP	−60.75	71.22	−131.97	131.97
	APES	−55.71	116.34	−172.05	172.05

5.2.3   缓蚀剂电化学评价

前文从分子活性及分子动力学模拟角度出发，选出了效果较好的缓蚀剂分子，为了进一步验证实际应用效果，对缓蚀剂进行电化学评价。在温度为 60℃、常压条件下加注 6 种缓蚀剂（200mg/L）和空白组的 CO$_2$ 饱和模拟地层水溶液中 N80 钢的极化曲线如图 5-9 所示，极化参数如表 5-10 所示。由图 5-9 中可以看出，加入 6 种缓蚀剂后的自腐蚀电流密度较空白组显著变小，自腐蚀电位均有不同程度的正移，说明加入缓蚀剂后对碳钢的腐蚀起到了很好的抑制作用，其中 TUIM 和 FIQ-C 两种缓蚀剂具有较好的缓蚀效果，缓蚀率＞90%，其规律与量子化学理论计算的结果一致。

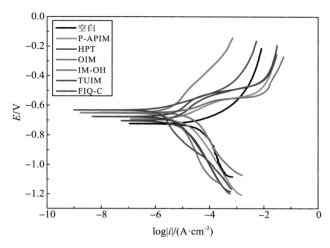

图 5-9　不同缓蚀剂 CO₂ 饱和溶液中 N80 钢的极化曲线

表 5-10　不同缓蚀剂 CO₂ 饱和溶液中 N80 钢的极化参数

类型	β_a/mV	β_c/mV	I_{corr}/(mA/cm²)	E_{corr}/mV	η/%
空白	108.52	337.12	46.95	−724	—
P-APIM	93.65	319.92	9.37	−692	80.03
HPT	196.81	329.42	8.02	−703	82.91
OIM	64.85	355.91	10.48	−649	77.67
IM-OH	119.87	315.31	4.98	−651	89.40
TUIM	192.45	356.60	4.44	−676	90.54
FIQ-C	104.08	358.82	3.72	−642	92.07

　　加入 P-APIM、HPT、OIM、TUIM 后，阴极极化曲线形状相对于空白组没有明显变化，说明加入这 4 种缓蚀剂后没有影响阴极反应机理，但阳极极化曲线向低电流密度方向移动，因此缓蚀剂对其阳极反应有明显的抑制作用。6 种缓蚀剂的阳极极化曲线还表明缓蚀剂分子在 N80 钢表面存在着阳极脱附过程，即腐蚀电位增大到一定程度后电流密度迅速增大。这是由于在阳极极化程度较小时，缓蚀剂分子在金属表面的吸附-脱附过程处于平衡状态，此时缓蚀剂的脱附行为主要由热运动引起，且已吸附缓蚀剂分子的表面区域阳极溶解速度较慢；随着极化程度加深，缓蚀剂分子的吸附-脱附平衡被打破，吸附速度小于脱附速度，从而致使缓蚀剂脱附，引起阳极溶解电流密度迅速增大[19-22]。加入 IM-OH、FIQ-C 后，阴阳极的塔菲尔（Tafel）曲线的斜率影响较小，表明这两种缓蚀剂没有影响阳极金属溶解与阴极析氢反应，通过吸附在 N80 钢表面形成吸附膜起到缓蚀效果。6 种缓蚀剂加入后的极化曲线均朝着腐蚀电位升高、腐蚀电流减小的方向移动，说明缓蚀剂均为主要抑制阳极反应的混合型缓蚀剂。

　　为了进一步评价 FIQ-C 的电化学性能，测试了不同浓度的 FIQ-C 极化曲线和交流阻抗谱，实验温度为 60℃，动电位极化曲线和极化参数如图 5-10、表 5-11 所示，交流阻抗谱如图 5-11 所示，拟合参数如表 5-12 所示。由图 5-10 可知，缓蚀剂加注浓度为 50～150mg/L 时，缓蚀率较低，阳极 Tafel 曲线后半段存在明显的阳极脱附过程。当加注浓度增加到 200mg/L 时，缓蚀率达 92.07%，随着缓蚀剂浓度的进一步增加，缓蚀率变化很小，说明缓蚀剂在 200mg/L 时已经达到吸附饱和状态，相较于空白组，其阴阳极斜率变化较小，但自腐蚀电流密度显著减小，说明缓蚀剂的加入没有影响阴阳极反应，而是吸附在金属表面形成保护膜来抑制腐蚀，也说明缓蚀剂 FIQ-C 的作用机理是缓蚀剂动态吸附平衡状态下的"几何覆盖效应"，即当电极的表面被缓蚀剂分子覆盖后腐蚀反应只会在未被覆盖的区域发生[23-25]。由图 5-11 可知，缓蚀剂 FIQ-C 在较低浓度时依然存在较为明显的扩散控制现象，随着浓度的增大，扩散控制不再明显，在 250mg/L 时缓蚀率达到最高。奈奎斯特图可以解释为等效电路图模型（如图 5-12 所示）。根据等效电路模型，通过 Zview 软件获得 EIS 参数，如溶液电阻（R_s）、电荷转移电阻（R_{ct}）、膜电阻（R_f）、双层电容（C_{dl}）、膜电容（C_f）、极化电阻（R_p）和恒定相位元件（constant phase element，CPE），如表 5-12 所示，其中极化电阻（R_p）通过以下方程式计算：

$$R_p=R_{ct}+R_f \tag{5-10}$$

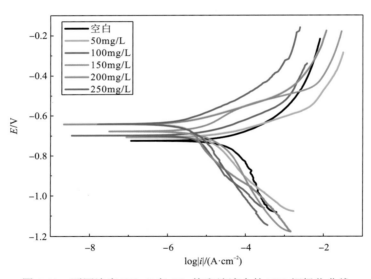

图 5-10　不同浓度 FIQ-C 在 CO₂饱和溶液中的 N80 钢极化曲线

表 5-11　不同浓度 FIQ-C 在 CO₂饱和溶液中的 N80 钢极化参数

缓蚀剂浓度/(mg/L)	β_a/mV	β_c/mV	I_{corr}/(mA/cm²)	E_{corr}/mV	η/%
0	108.52	337.12	46.95	-724	—
50	116.12	363.61	18.91	-707	59.72
100	106.12	363.75	11.39	-697	75.73
150	102.23	363.85	9.69	-677	79.37
200	104.08	358.82	3.72	-642	92.07
250	104.22	363.58	3.16	-641	93.27

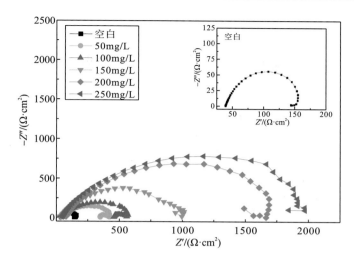

图 5-11　CO₂饱和模拟地层水溶液中不同浓度 FIQ-C 缓蚀剂的 N80 钢阻抗谱

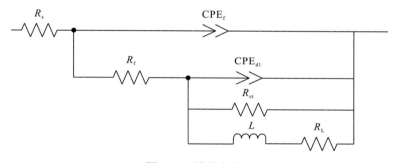

图 5-12　等效电路图

表 5-12　等效电路拟合参数

C/(mg/L)	R_s/($\Omega \cdot cm^2$)	R_{ct}/($\Omega \cdot cm^2$)	R_f/($\Omega \cdot cm^2$)	R_p/($\Omega \cdot cm^2$)	C_f/($\mu F \cdot cm^{-2}$)	C_{dl}/($\mu F \cdot cm^{-2}$)
0	3.25	26.07	—	26.07	—	962.36
50	4.19	204.34	67.27	271.61	52.78	853.62
100	5.85	299.17	78.78	377.95	46.04	546.42
150	4.76	540.78	91.20	631.98	45.26	87.78
200	3.98	1608.05	241.98	1850.03	38.68	83.93
250	4.15	1817.89	259.02	2076.91	36.04	51.74

图 5-11 和表 5-12 表明，添加抑制剂后，N80 钢的阻抗行为发生显著变化。随着缓蚀剂浓度增大，膜电阻 R_f和电荷转移电阻 R_{ct}逐渐增大，特别是当药剂添加量达到 200mg/L 时，电荷转移电阻显著增大，说明吸附在金属表面的缓蚀剂覆盖面积越来越大，有效阻止了腐蚀介质与金属基体的接触，从而达到抑制腐蚀的效果；双电层电容随着缓蚀剂浓度的增加逐渐降低，表明吸附在金属表面的水分子被分子更大的缓蚀剂取代，从而使得界面层的介电常数变小，且因为缓蚀剂的吸附使得金属表面较为平整。

5.2.4 阻垢剂与复合缓蚀阻垢剂配方研究

对 PBTCA、PESA、ATMP、PSTA、APES 5 种阻垢剂进行静态阻垢测试，实验温度为 60℃、饱和 CO_2 溶液、常压。5 种不同阻垢剂的阻垢率如图 5-13(a)所示，可以看出阻垢剂 APES 的阻垢率最高，达 95.18%，这是由于 APES 分子中氨基的电负性较强，更容易与难溶于水的钙盐表面上带有正电荷的钙离子通过库仑静电势相互作用，从而使得阻垢效率更高。为了进一步研究 APES 加注浓度对阻垢性能的影响，分别添加 10mg/L、15mg/L、20mg/L、25mg/L、30mg/L、35mg/L 的阻垢剂测试其阻垢率，结果如图 5-13(b)所示。由图 5-13(b)可以看出，随着浓度的增加阻垢率不断增加，加注 10～20mg/L 阻垢剂时，阻垢率均在 70%以下，当加注量为 25mg/L 时，阻垢率显著增加，达到 92.77%，进一步增加浓度至 30mg/L，阻垢率达到 95.18%，继续增加浓度阻垢率的变化很小。这是因为在较低浓度(15mg/L 以下)时，阻垢剂仅有少量的活性位点与 Ca^{2+} 结合，使得阻垢率较低，阻垢剂浓度增加后，使得呈较大电负性的氨基也增加，阻垢剂中与 Ca^{2+} 结合的活性位点增多，抑制了 Ca^{2+} 转变为碳酸钙的反应，从而使阻垢率增大。但继续增加阻垢剂浓度后阻垢率增大幅度非常小，是因为在此浓度下的阻垢剂产生了阈值效应[26]。

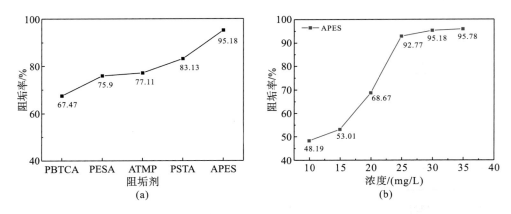

图 5-13 不同阻垢剂的阻垢率折线图(a)、阻垢剂 APES 不同浓度时的阻垢率折线图(b)

前文已优选出了效果突出的缓蚀剂和阻垢剂，为了得到效果优良的复合缓蚀阻垢剂，对复合药剂中的缓蚀阻垢剂配比进行优化设计，实验温度为 60℃，复合缓蚀阻垢剂和空白组的 CO_2 饱和模拟地层水溶液中 N80 钢的极化曲线如图 5-14 所示，极化曲线拟合参数如表 5-13 所示。由图 5-14 和表 5-13 可以看出，当缓蚀剂与阻垢剂的比例为 2∶1 时，自腐蚀电位正移最多，自腐蚀电流密度最小，缓蚀率最高，为 95.22%，当以防腐为重点考虑因素时，复合缓蚀阻垢剂中缓蚀剂/阻垢剂的最优配比为 2∶1。对所有比例的复合缓蚀阻垢剂进行阻垢性能测试，得到不同比例下的复合缓蚀阻垢剂的缓蚀率与阻垢率如图 5-15 所示。由图 5-15 可以看出，当缓蚀剂含量∶阻垢剂含量=2∶1 时，缓蚀效率最高为 95.22%，其阻垢率为 93.37%，当缓蚀剂含量∶阻垢剂含量=4∶3 时，阻垢率最高为

94.57%，缓蚀率为 92.96%，由于在现场工况中防腐为重要考虑因素且 CO_2 腐蚀失效的风险较结垢堵塞井筒的风险大，因此复合缓蚀阻垢剂的配比选择为缓蚀剂含量∶阻垢剂含量=2∶1。

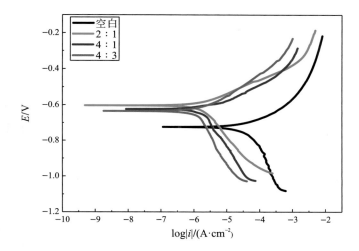

图 5-14　N80 钢在含不同配比试剂的 CO_2 饱和模拟地层水溶液中的极化曲线

表 5-13　极化曲线拟合参数

缓蚀剂含量∶阻垢剂含量	β_a/mV	β_c/mV	I_{corr}/(A/cm²)	E_{corr}/(mV/SCE)	η/%
0	108.52	337.12	4.6946×10^{-5}	-724.2	—
2∶1	88.945	277.43	2.2441×10^{-6}	-603.6	95.22
4∶1	86.89	799.91	3.2669×10^{-6}	-624.1	93.04
4∶3	134.55	255.09	3.3016×10^{-6}	-635.2	92.96

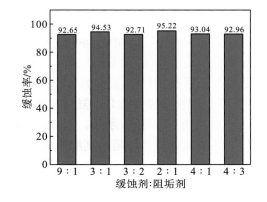
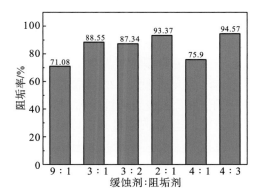

图 5-15　复合缓蚀阻垢剂的缓蚀率与阻垢率

5.2.5　复合缓蚀阻垢剂作用机理分析

复合缓蚀阻垢剂对碳钢的缓蚀作用机理如图 5-16 所示。由图 5-16 可知，缓蚀剂 FIQ-C 的极性基团苯环与含氮杂环吸附在金属表面，另一端指向溶液作为疏水基团，苯环、C＝N 双键的 π 电子可以进入 Fe 的空 d 轨道形成配位键吸附在金属表面，由于 π 电子形成的吸附作用较强，因此缓蚀剂 FIQ-C 具有很好的物理吸附成膜功能[27-29]。阻垢剂 APES 的极性基团（NH_2^-）的中心原子 N 中含有未成键的孤对电子，也可以提供电子与 Fe 的 d 电子空轨道形成配位键，从而使阻垢剂分子吸附在金属表面，并且 APES 有较长的非极性直链，形成疏水链，可以阻碍金属表面的离子向外扩散，也可增加吸附膜的厚度，使金属表面的保护膜更加致密完整，从而提高复合缓蚀阻垢剂的缓蚀性能。同时，阻垢剂中带有电负性的磺酸基（—SO_3H）与氨基（—NH_4）可以使缓蚀剂吸附时与溶液中 H^+ 形成的鎓离子更容易吸附在金属表面[30,31]。

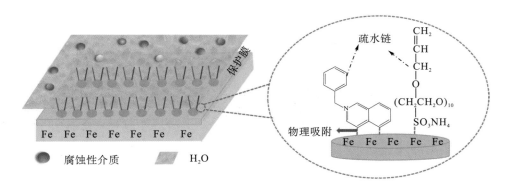

图 5-16　复合缓蚀阻垢剂对碳钢的缓蚀作用机理

复合药剂的阻垢作用机理主要为晶格畸变作用，复合缓蚀阻垢剂中呈电负性的基团与 Ca^{2+} 结合吸附并进入晶体结构，破坏晶体的正常生长，使晶体发生畸变，改变原有的规则结构，不仅减缓碳酸钙形成的速度，也改变了它的成核方式[32,33]。加入复合缓蚀阻垢剂后一部分复合缓蚀阻垢分子的极性基团吸附于金属表面，非极性基团形成疏水端，可以阻止溶液介质进入，而形成的难溶性的垢晶体为亲水物质，当晶核形成后会被溶液的水分子包裹，被复合缓蚀阻垢剂的疏水端阻挡无法沉积在金属表面；根据 $CaCO_3$ 形成的平衡公式，当 Ca^{2+} 浓度减小以后，溶液的过饱和度会降低，阻碍生长活性位点，进而阻止晶核顺利生长，导致晶体无法完美成核，复合药剂通过减缓和破坏垢的形成从而实现优异的阻垢效果[34,35]。

5.2.6　复合缓蚀阻垢剂性能测试

为了测试复合缓蚀阻垢剂在实际生产中（60℃、4MPa、72h）对 H 级杆、N80 钢和 P110

钢三种金属管材的防护效果，进行模拟工况下的缓蚀阻垢实验，实验方案见表 5-14，实验结果见图 5-17。

表 5-14　模拟工况下复合缓蚀阻垢剂评价实验

序号	加注类型	温度/℃	压力/MPa	加量/(mg/L)	材质
1	空白	60	4	0	H 级杆/N80 钢/P110 钢
2	复合缓蚀阻垢剂	60	4	500	H 级杆/N80 钢/P110 钢

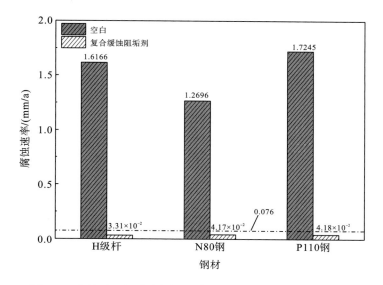

图 5-17　添加和不添加缓蚀阻垢剂工况下三种管材的腐蚀速率

由图 5-17 可以看出，未加注复合缓蚀阻垢剂的工况中，三种材质的腐蚀速率都远远大于油气田腐蚀控制指标，其中 P110 钢的腐蚀速率最高，为 1.7245mm/a；N80 钢的腐蚀速率最低，为 1.2696mm/a；H 级杆的腐蚀速率为 1.6166mm/a，按照 NACE 腐蚀程度评定属于极严重腐蚀。加入复合缓蚀阻垢剂后，三种材质的腐蚀速率均大幅降低，其中 H 级杆腐蚀速率降低 97.95%，N80 钢腐蚀速率降低 96.72%，P110 钢腐蚀速率降低 97.58%，腐蚀速率均小于 0.045mm/a，在油田腐蚀控制指标之内，表明该复合缓蚀阻垢剂对这三种材质的腐蚀有良好的抑制作用。

对未添加和添加复合缓蚀阻垢剂的 H 级杆、N80 钢和 P110 钢挂片的表面形貌进行分析，SEM 形貌（×1000 倍）见图 5-18。由图 5-18 可以看出，未加注复合缓蚀阻垢剂的工况，三种材质的腐蚀以均匀腐蚀为主，腐蚀产物为立方晶体，晶体堆积较多但不紧密。加入复合缓蚀阻垢剂后，通过微观形貌观察可以看出三种钢材的腐蚀产物明显变少，且均有一层致密的保护膜形成，说明加入复合缓蚀阻垢剂对三种钢材都起到了很好的防护作用，有效抑制了腐蚀进程。

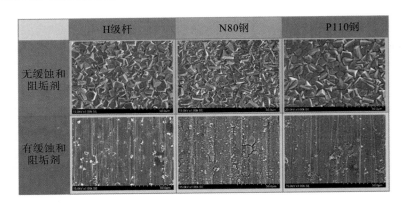

图 5-18   实验 72h 后 H 级杆、N80 钢和 P110 钢的 SEM 形貌

5.2.7   复合缓蚀阻垢剂的设计与评价方法

复合缓蚀阻垢剂的设计和评价方法见图 5-19。首先，收集油气行业普遍使用的效果良好的缓蚀阻垢剂作为优化研究对象；其次，对收集的缓蚀剂和阻垢剂分子进行量子化学计算、分子动力学模拟和电化学实验，根据结果选择防护性能优异的缓蚀剂和阻垢剂；接着对防护效果良好的缓蚀剂和阻垢剂进行复配，采用电化学方法优化复合缓蚀阻垢剂的配方，并对复合缓蚀阻垢剂进行测试，确保其缓蚀和阻垢率大于 90%；最后，使用高温高压釜在模拟工况下测试复合缓蚀阻垢剂的保护效果（C_R＜0.076mm/a）。

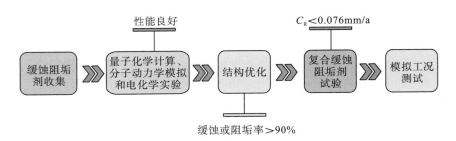

图 5-19   复合缓蚀阻垢剂的设计与评价方法

5.3   小   结

(1) 建立了油田用复合缓蚀阻垢剂的设计与评价方法。通过量子化学计算和电化学实验，得到了复合缓蚀阻垢剂配方，并通过模拟工况下的腐蚀实验，评价了该配方的缓蚀阻垢效果。

(2) 量子化学计算结果表明，缓蚀剂 FIQ-C 接受外来电子的能力最强，能隙最小，缓蚀性能最好；阻垢剂 APES 分子接受电子的能力最强，阻垢剂分子的反应活性从大到小为 APES＞PSTA＞ATMP＞PESA＞PBTCA。

　　(3)分子动力学模拟表明，缓蚀剂分子一端通过活性点位吸附在 Fe(110)晶面上，另一端指向溶液形成疏水链，在金属表面形成一层保护膜；阻垢剂分子通过带电负性的基团与方解石相互作用并稳定地吸附在方解石晶面上。

　　(4)电化学测试结果表明缓蚀剂 FIQ-C 的缓蚀性能突出，与量子化学计算结果一致，其作用机理是缓蚀剂动态吸附平衡状态下的"几何覆盖效应"，6 种缓蚀剂均为主要抑制阳极反应的混合型缓蚀剂，APES 阻垢效果最佳，复合缓蚀阻垢剂最佳配方为缓蚀剂(FIA-C)：阻垢剂(APES)=2：1，此时的缓蚀率为95.22%，阻垢率为93.37%。

　　(5)复合缓蚀阻垢剂的缓蚀机理主要是 FIQ-C 具有很好的物理吸附成膜功能，FIQ-C 的极性基团吸附在金属表面，另一端指向水溶液作为疏水基团，在金属表面形成一层吸附膜，同时 APES 具有较长非极性直链，形成疏水链，使得金属表面的保护膜更加致密完整；阻垢机理为晶格畸变作用，复合缓蚀阻垢剂中呈电负性的基团与 Ca²⁺结合吸附并进入晶体结构，破坏晶体的正常生长，使晶体发生畸变，减缓碳酸钙的形成速度并改变它的成核方式。

　　(6)在模拟 CO₂驱采出井工况(60℃、4MPa、72h)下，复合缓蚀阻垢剂对 H 级杆、N80 钢和 P110 钢三种管材的防护效果良好，腐蚀速率均低于 0.045mm/a，缓蚀率大于96%，阻垢率大于90%，缓蚀阻垢性能均满足油气田防护要求。

参 考 文 献

[1] 李士伦，汤勇，侯承希.注 CO₂提高采收率技术现状及发展趋势[J].油气藏评价与开发，2019，9(3)：1-8.

[2] Zhang D. CO₂ flooding enhanced oil recovery technique and its application status[J]. Science & Technology Reciew，2011，29(13)：75-79.

[3] Dong B T，Zeng D Z，Yu Z M，et al. Major corrosion influence factors analysis in the production well of CO₂ flooding and the optimization of relative anti-corrosion measures[J]. Journal of Petroleum Science and Engineering，2021，200(1)：108052.

[4] Desimone M P，Grundmeier G，Gordillo G，et al. Amphiphilic amido-amine as an effective corrosion inhibitor for mild steel exposed to CO₂ saturated solution：polarization，EIS and PM-IRRAS studies[J]. Electrochimica Acta，2011，56(8)：2990-2998.

[5] 何连，刘贤玉，宋洵成，等.温度对三种 Cr 钢腐蚀行为的影响[J].腐蚀与防护，2017，38(5)：391-394.

[6] 黄晓蒙，李一琳，颜菲，等.CO₂吞吐管柱腐蚀分析及防治研究[J].石油与天然气化工，2021，50(3)：96-100，105.

[7] Jevremović M S，Achour M，Blumer D，et al. A novel method to mitigate the top-of-the-linecorrosion in wet gas pipelines by corrosion inhibitor within a foam matrix[J]. Corrosion，2013，69(2)：186-192.

[8] Zhang B，Zhou D，Lv X，et al. Synthesis of polyaspartic acid / 3-amino-1H-1,2,4-triazole-5-carboxylic acid hydrate graft copolymer and evaluation of its corrosion inhibition and scale inhibition performance[J]. Desalination，2013，327(41)：32-38.

[9] 杨肖曦，赵磊，张丁涌，等.注水井井筒中碳酸钙结垢预测[J].中国石油大学学报(自然科学版)，2010，34(1)：114-117.

[10] 杜清珍，谢刚，姜伟祺，等.采油用高温缓蚀阻垢剂的研究及应用[J].表面技术，2015，44(12)：56-61.

[11] 张文艺，占明飞，姚立荣，等.无磷缓蚀阻垢剂 CETSA 的合成与缓蚀阻垢机理分析[J].安全与环境学报，2015，15(5)：209-213.

[12] Liu G，Xue M，Yang H. Polyether copolymer as an environmentally friendly scale and corrosion inhibitor in seawater[J].

Desalination，2017，419：133-140.

[13] Belakhmima R A，Dkhireche N，Touir R，et al. Development of a multi-component SG with CTAB as corrosion，scale，and microorganism inhibitor for cooling water systems[J]. Materials Chemistry and Physics，2015，152：85-94.

[14] Touir R，Cenoui M，Bakri M E，et al. Sodium gluconate as corrosion and scale inhibitor of ordinary steel in simulated cooling water[J]. Corrosion Science，2008，50(6)：1530-1537.

[15] Gao Y H，Fan L H，Ward L，et al. Synthesis of polyaspartic acid derivative and evaluation of its corrosion and scale inhibition performance in seawater utilization[J]. Desalination，2015，365：220-226.

[16] Singh A，Ansari K R，Kumar A，et al. Electrochemical，surface and quantum chemical studies of novel imidazole derivatives as corrosion inhibitors for J55 steel in sweet corrosive environment[J]. Journal of Alloys and Compounds，2017：712：121-133.

[17] Xu Y，Zhang B，Zhao L，et al. Synthesis of polyaspartic acid/5-aminoorotic acid graft copolymer and evaluation of its scale inhibition and corrosion inhibition performance[J]. Desalination，2013，311(1)：156-161.

[18] 田刚，易勇刚，韩雪，等. CO$_2$复合蒸汽驱采出井中抽油杆的腐蚀规律及腐蚀预测[J]. 腐蚀与防护，2021，42(8)：21-26.

[19] 王博，李长俊，杜强，等. 天然气管道直管段结垢速率数值模拟研究[J]. 中国安全生产科学技术，2016，12(2)：94-100.

[20] 李建，陈旭，李博文，等. 20钢在集输系统中不同 CO$_2$ 分压下的腐蚀行为[J]. 材料科学与工程学报，2018，36(4)：589-594.

[21] Li G，Guo S，Zhang J，et al. Inhibition of scale buildup during produced-water reuse：Optimization of inhibitors and application in the field[J]. Desalination，2014，351：213-219.

[22] Vazquez O，Mackay E，Sorbie K. A two-phase near-wellbore simulator to model non-aqueous scale inhibitor squeeze treatments[J]. Journal of Petroleum Science & Engineering，2012，82-83：90-99.

[23] Mavredaki E，Neville A. Prediction and evaluation of calcium carbonate deposition at surfaces[J]. Society of Petroleum Engineers，2014，36(1)：103-117.

[24] Zarrouk A，Hammouti B，Zarrok H，et al. Theoretical study using DFT calculations on inhibitory action of four pyridazines on corrosion of copper in nitric acid[J]. Research on Chemical Intermediates，2012，38(9)：2327-2334.

[25] 李艳琦，林远平，薛新茹，等. 酒东油田注水系统结垢分析及应对措施[J]. 油田化学，2021，38(2)：332-336.

[26] 张利，马小龙，李平，等. 高钙镁气田水中碳酸钙结垢行为研究与趋势预测[J]. 华东理工大学学报(自然科学版)，2021，47(4)：401-407.

[27] Obayes H R，Al-Amiery A A，Alwan G H，et al. Sulphonamides as corrosion inhibitor：Experimental and DFT studies[J]. Journal of Molecular Structure，2017，1138：27-34.

[28] Martinez S. Inhibitory mechanism of mimosa tannin using molecular modeling and substitutional adsorption isotherms[J]. Materials Chemistry and Physics，2003，77(1)：97-102.

[29] Cao Z，Tang Y，Cang H，et al. Novel benzimidazole derivatives as corrosion inhibitors of mild steel in the acidic media Part Ⅱ：theoretical studies[J]. Corrosion Science，2014，83：292-298.

[30] EI Adnani Z，Mcharfi M，Sfaira M，et al. DFT theoretical study of 7-R-3methylquinoxalin-2(1H)-thiones(R H；CH$_3$；Cl) as corrosion inhibitors in hydrochloric acid[J]. Corrosion Science，2013，68(8)：223-230.

[31] Yang W T，Wilfried J M. The use of global and local molecular parameters for the analysis of the gas-phase basicity of amines[J]. Journal of the American Chemical Society，2002，108(19)：5708-5711.

[32] Zhu X, Gao Z S, Xiang D S, et al. Synthesis and performance evaluation of MA/SS/DLA copolymer scale inhibitor[J]. Computers and Applied Chemistry, 2013, 30(1): 67-70.

[33] Devaux R, Vouagner D, De Becdelievre A M, et al. Electrochemical and surface studies of the ageing of passive layers grown on stainless steel in neutral chloride solution[J]. Corrosion Science, 1994, 36(1): 171-186.

[34] Shi W Y, Wang F Y, Xia M Z, et al. Molecular dynamics simulation of interaction between carboxylate copolymer and calcite crystal[J]. Acta Chimica Sinica(Chinese Edition), 2006, 64(17): 1817-1823.

[35] Li X H, Deng S D, Fu H, et al. Adsorption and inhibition effect of 6-benzylaminopurine on cold rolled steel in 1.0 M HCl, electrochim[J]. Acta, 2009, 54(16): 4089-4098.

第6章 CO₂驱井筒防腐工艺应用

油田 CO₂-EOR 是目前最具商业价值、可大规模碳减排、最有希望工业化应用的碳捕集、利用与封存(carbon capture utilization and storage，CCUS)技术[1]。吉林、大庆、胜利、长庆等多个油田已开展了十多个 CO₂-EOR 项目。CO₂溶于水，具有腐蚀性且相态变化复杂，腐蚀、气密封、高压注采是制约 CO₂驱安全实施的瓶颈[2]，面临诸多技术难题和挑战。CO₂驱注采井筒防腐工艺的应用需要结合油田实际工况分析，结合国内外油田 CO₂驱实际经验，普遍从管柱结构、选用耐腐蚀材料、加注环空保护液和缓蚀剂等方面组合来防止或延缓 CO₂对井筒的腐蚀[3]。井口一般使用防 CO₂腐蚀井口；井筒工程以"碳钢+缓蚀剂"的技术路线为主，关键部件使用耐腐蚀材质，油管选用气密封油管，封隔器选用防腐气密封封隔器，封隔器以上环空加注环空保护液[4]。本章将以新疆某区块 CO₂混相驱为例，介绍井筒防腐工艺的现场应用。

6.1 注入井防腐工艺

6.1.1 总体要求

1. 新钻注气井钻完井要求

(1)套管头应选用耐 CO₂腐蚀材质的标准气密封套管头。

(2)完井套管应选用气密封套管，油层顶界至油层上 50m 套管宜选用耐 CO₂腐蚀的材质[5]。

(3)固井应选用耐 CO₂腐蚀水泥，且水泥返高至井口。

2. 转注气井老井选井要求

(1)注水时检测固井质量，水泥环无微裂缝，且油层以上水泥胶结好且分布连续的段大于 150m。

(2)套变或落物鱼顶位置在水泥返高之下 200m，套变位置以上井间无漏、无穿孔、井况良好，修井前注水正常。

(3)套管壁厚磨损小于 30%。

6.1.2　井筒管柱结构

注入井的井筒完整性应当符合《CO$_2$ 驱油田注入及采出系统设计规范》(SY/T 7440—2019)、《石油天然气开发注二氧化碳安全规范》(SY/T 6565—2018) 要求。注入井若纯注干气，管柱材质可选择碳钢或低合金钢材质，若为气液混注或交替注入，则面临较高的腐蚀风险，井口装置、管柱、封隔器及井下工具等均需要考虑采取适用的防腐措施。井筒管柱的设计应当考虑整体结构的密封能力，通过提升各级尤其是一级井屏障单元的密封能力，避免出现 CO$_2$ 气窜引起井筒全面腐蚀和泄漏的风险。

目前，吉林、大庆、长庆等油田 CO$_2$ 驱注气管柱普遍采用较为成熟的气密封管柱。以新疆某区块 CO$_2$ 混相驱注入井为例，为降低泄漏风险，完井管柱由 $\Phi73mm \times 5.51mm$ P110 钢气密封防腐油管、气密封封隔器、剪切球座、腐蚀测试筒、引鞋等组成，如图 6-1 所示。

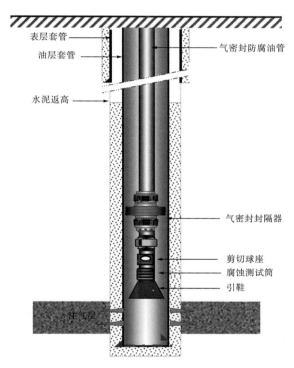

表层套管　　　气密封防腐油管
油层套管
水泥返高
气密封封隔器
剪切球座
腐蚀测试筒
引鞋
注气层

图 6-1　笼统注气工艺管柱图

6.1.3　材质优选

1. 井口装置

CO$_2$ 驱注采井井口装置材料要求按《独立井口装置规范》(SY/T 6663—2006) 和《石油天然气钻采设备　井口装置和采油树》(GB/T 22513—2023) 执行。井口装置防腐涂层按《油气集输管道缓蚀剂涂膜及连续加注技术规范》（SY/T 7408—2018）执行。根据表 6-1 井口装置和采油树工作环境并考虑防腐要求，井口材质级别为 CC 级不锈钢材质。

表 6-1　井口装置和采油树工作环境

材料等级	相对腐蚀性	CO₂ 分压		H₂S 分压	材料最低要求	
		/psi	/MPa	/psi	本体、盖、端部和连接出口	控压件、阀杆和心轴式悬挂器
AA 一般运行	无腐蚀	<7	<0.05	<0.05	碳钢或低合金钢	碳钢或低合金钢
BB 一般运行	CO₂ 轻度腐蚀	7~30	0.05~0.21	<0.05	碳钢或低合金钢	不锈钢
CC 一般运行	高含 CO₂ 不含 H₂S 中度至高度腐蚀	>30	>0.21	<0.05	不锈钢	不锈钢
DD 酸性运行	低 H₂S 酸性腐蚀	<7	<0.05	>0.05	碳钢或低合金钢	碳钢或低合金钢
EE 酸性运行	H₂S 脆性、含 CO₂ 轻度腐蚀	7~30	0.05~0.21	>0.05	碳钢或低合金钢	不锈钢
FF 酸性运行	H₂S 脆性/高含 CO₂ 中度至高度腐蚀	>30	>0.21	>0.05	不锈钢	不锈钢
HH 酸性运行	H₂S 脆性、高含 CO₂ 高度腐蚀	>30	>0.21	>0.05	耐腐蚀合金	耐腐蚀合金

注：1psi=6.89476×10³Pa。

2. 油套管柱

干气环境选择碳钢或低合金钢材质，湿气环境可选碳钢+缓蚀剂、不锈钢、耐蚀合金、非金属衬里的碳钢或低合金钢材质[6]。图 6-2 为中海油 CO₂ 腐蚀条件下油管和套管材质选择图版。

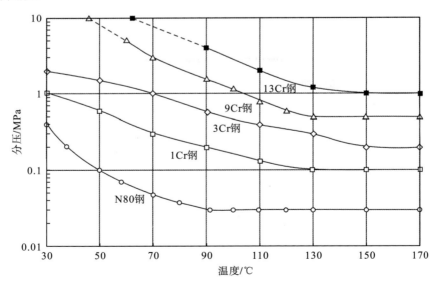

图 6-2　CO₂ 腐蚀条件下油管和套管材质选择图版(中海油)

3. 封隔器

选择的密封件和封隔器材料应与高含 CO_2 流体的所有相态相兼容。温度高于 31℃ 和压力高于 7390kPa（73.9bar）时，纯 CO_2 将处于超临界态。超临界态 CO_2 对某些材料溶解性极强，在选择非金属密封件和封隔器材料时应予以考虑[7]。

（1）对于封隔器钢件，干气环境使用碳钢或低合金钢，若湿气环境或接触含水层选择不锈钢或耐蚀合金，如 13Cr 钢等。

（2）对非金属材料，应当与 CO_2 流体和其他化学组分具有化学/物理兼容性，不会导致明显的分解/浸出、膨胀、硬化或对材料关键性能产生不可接受的负面影响[8]，能适应井筒全部温度范围，具备耐受气体快速减压（rapid gas decompression，RGD）的能力（若适用）。表 6-2 给出了高含 CO_2 工况下常用的非金属材料。

表 6-2　高含 CO_2 工况下常用的非金属材料

分类	材料	类型
热塑性塑料	聚四氟乙烯（PTFE） 聚三氟氯乙烯（PCTFE） 聚偏二氟乙烯（PVDF） 聚酰胺（PA） 聚丙烯（PP）	特定情况下，需要进行老化和 RGD 评估
弹性体	四氟乙烯-丙烯共聚物（TFE/P）或四丙氟橡胶（FEPM） 氢化丁腈橡胶（HNBR） 氟橡胶（FKM） 全氟醚橡胶（FFKM）	材料组分影响非常大；特定情况下，需要进行老化和 RGD 评估

6.1.4　缓蚀剂防腐

注气井缓蚀剂选择应根据影响腐蚀因素、缓蚀剂理化性能按照下列各项进行确定：
（1）引起腐蚀的原因和腐蚀类型。
（2）金属的种类和腐蚀环境工况。
（3）缓蚀剂保护膜是否具有持久的保护性。
（4）对后续工艺可能造成的有害影响。

6.1.5　环空保护液防护

环空保护液各项性能指标如表 6-3～表 6-6 所示。环空保护液应具备防 CO_2 腐蚀和应力腐蚀。封隔器以上油套环空加注油基或水基型环空保护液，防止渗漏到环空中的 CO_2 腐蚀套管和油管外壁[9]。第 2 章针对环空保护液提出了效果良好的配方和研制技术方案，在新疆油气田 CO_2 混相驱注入井应用后防护效果显著。在油基环空保护液条件下，腐蚀速率均小于 0.076mm/a，试片表面形貌较好，没有出现明显的裂纹和点蚀现象，有

很好的耐 CO_2 防腐与应力腐蚀保护作用。对于其他油气田，应用前仍需要结合油气田特定环境进行适用性评价。为保证环空保护液良好的防护性能，缓蚀剂、阻垢剂、杀菌剂、除氧剂等添加药剂在井筒环空工况下的性能技术指标要求如表所示[10]。

表 6-3   环空保护液缓蚀剂技术性能指标

项目	指标
腐蚀速率/(mm/a)	≤0.076
pH	5～9
开口闪点/℃	≥50
倾点/℃	≤-20
配伍性	不降低自身及其他药剂性能
外观	均匀液体
存储稳定性	存储运输后不降低性能

表 6-4   环空保护液杀菌剂技术性能指标

项目	指标
杀菌性能/(个/mL)	腐生菌≤25，无硫酸盐还原菌，铁细菌≤25
腐蚀性	不增加腐蚀性
配伍性	不降低自身及其他药剂性能

表 6-5   环空保护液除氧剂技术性能指标

项目	指标
除氧性能/(mg/L)	≤1.50
溶解性	易溶
配伍性	不降低自身及其他药剂性能

表 6-6   环空保护液阻垢剂技术性能指标

项目	指标
阻垢性能/%	≥90
溶解性	易溶
配伍性	不降低自身及其他药剂性能

6.2   采出井防腐工艺

6.2.1   井筒管柱结构

以采油井工艺特点为基础，结合腐蚀与防护技术研究成果，由于采油井采出液含水量、矿化度及 CO_2 含量随生产变化，建议局部选用耐腐蚀材料和注缓蚀剂组合方法来防

止或延缓 CO_2 对管材腐蚀的措施。以新疆某区块 CO_2 混相驱注入井为例，防气举升控套采油工艺如图 6-3 所示。考虑 CO_2 驱过程中的高气液比特点，生产管柱配套了防腐防气抽油泵、气液分离器等工具，抽油泵、泄油器、气锚等部件需抗 CO_2 腐蚀（不锈钢材质）。采用防气举升控套采油工艺，井口安装控套阀，套气进地面系统。

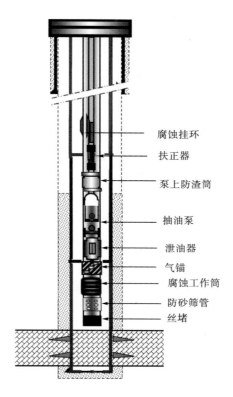

腐蚀挂环
扶正器
泵上防渣筒
抽油泵
泄油器
气锚
腐蚀工作筒
防砂筛管
丝堵

图 6-3　防气举升控套采油工艺

6.2.2　材质优选

可参考 6.1.2 节注入井材质优选要求。目前通常采用 "碳钢油管+缓蚀剂" 经济性防护措施。对于井下工具、部件等金属和非金属材料，均需要采用耐 CO_2 腐蚀材质。

6.2.3　缓蚀剂防护

对于井下抑制化学剂，化学注入方法包括连续注入、间歇注入和挤压。化学药剂类型以 CO_2 缓蚀剂（液体、固体、胶囊）为主，可视情况添加阻垢剂、杀菌剂、pH 调节剂和清除剂等辅助药剂[11]。

采油井防腐采取连续投加缓蚀剂或间歇投加缓蚀剂方式。具体投加方式依据生产制度（正常生产井、停关井、气窜关井）、加药设备配套情况选用不同投加方式。缓蚀剂投加浓度结合采出井 CO_2 分压、含水量、选择药剂缓蚀效率、腐蚀速率等确定[12]。缓蚀剂投加方式及浓度推荐如下。

连开井加药：应用加药装置连续投加缓蚀剂，第 1 天按正常浓度的 10 倍浓度进行预膜，随后按正常浓度投加；按含水和 CO$_2$ 分压、缓蚀效率，划分 A、B、C 三类腐蚀环境，投加浓度按不同腐蚀环境给定不同安全系数，制定梯级缓蚀剂投加浓度表，详见表 6-7。设备未配套不具备连续投加条件的，采取周期性挤注投加措施。单井加药量依据产液量及投加浓度、腐蚀监测结果动态调整，确保药剂投加量合理、腐蚀防护效果符合要求。连续加药时，每天点滴加药量=产液量×投加浓度。

表 6-7   腐蚀环境分类及缓蚀剂投加浓度表

序号	腐蚀环境分类	量化标准	投加浓度/(mg/L)
1	A	CO$_2$ 分压≥0.21MPa，且含水量≥50%，两个条件同时满足	腐蚀速率<0.076mm/a 且 70% 缓蚀效率对应浓度×1.8
2	B	CO$_2$ 分压<0.21MPa，含水量<50%，两个条件仅满足 1 条	腐蚀速率<0.076mm/a 且 70% 缓蚀效率对应浓度×1.5
3	C	CO$_2$ 分压<0.21MPa，含水量<50%，两个条件同时满足	腐蚀速率<0.076mm/a 且 70% 缓蚀效率对应浓度

备注：1.5、1.8 为考虑不同腐蚀环境的安全系数。

以新疆油气田 CO$_2$ 混相驱为例，采出井加注第 5 章所研制的缓蚀阻垢剂，捣开井、长停井加药：应用车载移动加药实施一次性注缓蚀剂保护。缓蚀剂投加浓度依据表 6-8 确定；投加周期暂按连开井每月 2 次、捣开井每月 1 次、长停井每 3 月 1 次确定，后续依据腐蚀速率监测情况动态增加或减少投加频次；加药量按考虑沉没度的井筒液体体积及相应的腐蚀环境分类对应投加浓度计算。2022 年对注采范围内的 12 口井，结合生产制度(连开、调开、捣开、停关)、CO$_2$ 浓度、CO$_2$ 分压、含水量、腐蚀环境分类，制定了针对性防腐药剂投加计划。药剂投加方案见表 6-8。

表 6-8   药剂投加方案

井序号	生产制度	CO$_2$浓度/%	CO$_2$分压/MPa	含水量/%	腐蚀环境分类	投加浓度/(mg/L)	投加量/(kg/次)	加药制度
1	连开	87.24	0.78	58.7	A	180	—	连续
2	连开	28.36	0.27	44.4	B	150	—	连续
3	连开	87.5	0.79	98	A	180	—	连续
4	连开	32.47	0.39	15.2	B	150	—	连续
5	连开	21.6	0.28	33.8	B	150	3.48	每月 2 次
6	连开	0.15	0	23	C	100	2.32	每月 2 次
7	连开	45.51	0.35	77.1	A	180	4.18	每月 2 次
8	捣开	0.08	0	80	B	150	3.48	每月 1 次
9	捣开	0.04	0	94	B	150	3.48	每月 1 次
10	低能关	100	6.5	55	B	150	3.48	每 3 月 1 次
11	动态关	47.8	5.26	25.7	B	180	4.18	每 3 月 1 次
12	动态关	64.23	0.41	59.3	A	180	4.18	每 3 月 1 次

6.3　现　场　监　测

6.3.1　井口环空带压管控

考虑试注期间井筒及井场安全，要求油套、技套和表套均加装压力表，对 A、B、C 环空压力进行监测，若环空压力升高，说明油管或封隔器发生了密封渗透，CO_2 进入环空且增大套管腐蚀风险，应采取外排等措施控制套压。根据套管抗内压及抗挤强度计算各环空限压推荐范围，见表 6-9。

表 6-9　推荐 A、B、C 环空压力控制值

环空类型	计算条件	最大许可压力值/MPa
A 环空	生产套管抗内压强度的 50%	三者最小值
	技术套管抗内压强度的 80%	
	油管抗挤强度的 75%	
	生产套管头强度的 60%	
B 环空	技术套管抗内压强度的 50%	三者最小值
	生产套管抗挤强度的 75%	
	表层套管抗内压强度的 80%	
C 环空	表层套管抗内压强度的 30%	三者最小值
	技术套管抗挤强度的 75%	

备注：A 环空为油层套管和油管间环空，B 环空为油层套管和技术套管环空，C 环空为技术套管和表层套管环空。

6.3.2　腐蚀监测

采用失重腐蚀挂片、腐蚀探针在线监测及地层水中的缓蚀剂残余浓度、铁离子分析等手段，密切监控注采井的腐蚀变化，反映注采井防护药剂的效果，指导药剂加注工艺制度的优化[13]。

以新疆油气田 CO_2 混相驱为例，注入井腐蚀监测采用了失重挂片和药剂理化性能分析手段。注入井安装监测挂环 4 口井次。生产中结合注入井维修对套管环空保护性能变化、生命周期进行了跟踪分析，环空保护液理化指标跟踪情况见表 6-10。从取样检测环空保护液（白油）各项指标（密度、黏度、酸值）看 322d 后与入井前差别不大，性能稳定，静态腐蚀速率也在标准范围内（≤0.076mm/a）。

表 6-10　环空保护液理化指标跟踪情况

井名称	取样日期	含水量/%	密度/(g/cm³)	黏度/(mPa·s)	酸值/(mgKOH/g)	静态腐蚀率/(mm/a)	备注
1#入井	2021.4.18	0	0.825	10.56	0.021	0.0012	0d
1#返出	2021.5.3	0	0.825	9.77	0.060	0.0069	15d
2#(上部返出)	2021.6.10	4.04	0.828	9.7	0.039	0.0026	322d
2#(底部返出)	2021.6.14	0.78	0.826	9.5	0.153	0.0016	322d

　　新疆油气田采出井安装井口挂片 16 井次，已检测挂片 10 井次。表 6-11 为采出井井下腐蚀监测情况。A 类井井口腐蚀速率(20#)检测均值为 0.004mm/a，B 类井井口腐蚀速率(20#)检测均值为 0.002mm/a，均低于标准值 0.076mm/a，检测结果表明在目前缓蚀剂投加浓度及频率条件下，井口腐蚀速率可以满足要求。采出井累计安装井下监测挂环采出井 11 井次，共检测井下挂环 3 井次。从检测数据看，在目前加药制度下，腐蚀速率最大部位为动液面下部油管内，检测均值为 0.024mm/a，检测值均小于标准值 0.076mm/a。检测结果见表 6-11。

表 6-11　采出井井下腐蚀监测情况

环境分类	井号	取样日期	投加方式	监测天数/d	投加浓度/(mg/L)	动液面上部/(mm/a)		动液面下部/(mm/a)	
						管内(N80 钢)	环空(N80 钢)	管内(N80 钢)	环空(N80 钢)
A	XJ06	2021.3.11	连续	122	150	0.009	0.012	0.028	0.009
	XJ06	2021.8.3	连续	144	150	0.010	0.014	0.032	0.011
B	XJ90	2022.5.28	周期挤注	410	150	0.0067	0.0106	0.0119	0.0066
均值	—	—	—	—	—	0.009	0.012	0.024	0.009

　　从该区块提出的普通管、杆、泵腐蚀情况来看，腐蚀轻微、不明显，部分油井抽杆存在一定的结垢和结蜡情况(图 6-4)，表明当前缓蚀剂加药制度下，CO$_2$驱普通油管、普通抽杆可以满足检泵周期内防腐要求。

 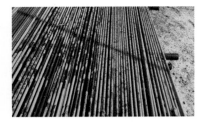

(a)油管腐蚀轻微　　　　　　　　　　　(b)抽油杆轻度结垢

图 6-4　采出井提出管杆/泵腐蚀、结垢情况

6.4　小　　结

（1）目前已建立了室内+中试+矿场一体化腐蚀评价方法，形成了气密封油管注气+封隔器+环空保护液、碳钢+缓蚀剂的低成本防腐和环空 CO_2 注采井环空带压管控、腐蚀监测等工程配套技术，现场实验腐蚀速率小于 0.076mm/a，满足行业标准要求，取得了较显著的井筒腐蚀防护效果。

（2）对于防护药剂，需要针对井筒实际工况进行适用性评价，确定适用于现场腐蚀、结蜡、结垢环境的合理配套药剂，并制定合理的加注工艺，及时检测取样，跟进现场变化情况，优化加药方式，提高防腐效果。

（3）常用井下腐蚀防护效果监测的方式有挂片失重法、化学分析法和电化学法。单一的腐蚀防护效果监测方法只能提供有限的信息，应尽可能采用两种或两种以上的方法来监测井口及井下腐蚀，这样可以得到互补的数据，总结分析 CO_2 驱腐蚀规律，动态开展腐蚀监测及防护工作。

参 考 文 献

[1] 赵雪会，何治武，刘进文，等.CCUS 腐蚀控制技术研究现状[J].石油管材与仪器，2017，3（3）：1-6.

[2] 林元华，朱红钧，曾德智，等.气井环空带压机理及评价[M].北京：石油工业出版社，2018.

[3] Lu S J，Gao L J，Li Q F，et al. On-line monitoring technology for internal corrosion of CO₂-EOR oil field[J]. Energy Procedia，2018，154：118-124.

[4] 赵雪会，黄伟，李宏伟，等.促进"双碳"目标快速实现的 CCUS 技术研究现状及建议[J].石油管材与仪器，2021，7（6）：26-32.

[5] Lv G Z，Li Q，Wang S J，et al. Key techniques of reservoir engineering and injection–production process for CO₂ flooding in China's SINOPEC Shengli Oilfield[J]. Journal of CO₂ Utilization，2015，11：31-40.

[6] Laumb J D，Glazewski K A，Hamling J A，et al. Corrosion and failure assessment for CO₂ EOR and associated storage in the Weyburn Field[J]. Energy Procedia，2017，114：5173-5181.

[7] 张昆，孙悦，王池嘉，等.碳捕集、利用与封存中 CO₂ 腐蚀与防护研究[J].表面技术，2022，51（9）：43-52.

[8] Liu A Q，Bian C，Wang Z M，et al. Flow dependence of steel corrosion in supercritical CO₂ environments with different water concentrations[J]. Corrosion Science，2018，134：149-161.

[9] 石善志，易勇刚，孙宜成，等.CO₂ 驱注入井油套环空超临界腐蚀工况防护技术探讨[C].第十二届全国超临界流体技术学术及应用研讨会，2018：152.

[10] 朱德智，黄雪松，南楠.CO₂ 驱生产系统腐蚀与防护技术研究[J].油气田地面工程，2017，36（7）：78-81.

[11] 张洲，易勇刚，同航，等.CO₂ 驱地面采输系统缓蚀阻垢剂优选研究[J].天然气与石油，2021，39（3）：88-94.

[12] 宋新民，王峰，马德胜，等.中国石油二氧化碳捕集、驱油与埋存技术进展及展望[J].石油勘探与开发，2023，50（1）：206-218.

[13] 陈萍，邓文，李美娟，等.双季铵盐杀生剂的中试合成及现场应用[J].应用化工，2016，45（8）：1592-1596.